中国石化“十四五”重点图书出版规划项目

U0807925

中国石化销售企业 HSE“五懂五会五能”施工现场线条训练手册

施工安全监管员岗位

中国石化销售股份有限公司◎著

中国石化出版社

图书在版编目（CIP）数据

中国石化销售企业 HSE“五懂五会五能”施工现场线条训练手册 . 1，施工安全监管员岗位 / 中国石化销售股份有限公司著 . -- 北京：中国石化出版社，2022.6（2023.4 重印）

ISBN 978-7-5114-6684-6

Ⅰ . ①中…　Ⅱ . ①中…　Ⅲ . ①石油销售企业－工程施工－安全技术－岗位培训－中国－手册　Ⅳ . ① F426.22-62

中国版本图书馆 CIP 数据核字（2022）第 087952 号

未经本社书面授权，本书任何部分不得被复制、抄袭，或者以任何形式或任何方式传播。版权所有，侵权必究。

中国石化出版社出版发行

地址：北京市东城区安定门外大街58号

邮编：100011　电话：（010）57512500

发行部电话：（010）57512575

http：//www. sinopec-press. com

E-mail：press@ sinopec. com

北京科信印刷有限公司印刷

*

880×1230 毫米　32 开本　3.375 印张　84 千字

2022 年 11 月第 1 版　2023 年 4 月第 2 次印刷

定价：30.00 元

丛书编委会

主　任：陈成敏　李玉杏

副主任：宋云昌　叶慧青　刘迎新　冯　云　张　刚　王　欣

编　委：（按姓氏笔画排序）

王大鹏　王永杰　王剑波　王　恒　王维民　王　超　叶子惠

包文静　任　敏　刘　沁　刘　栋　江　宁　吴　超　汪　珺

沈舢珂　张成晓　武　全　周　永　周金广　赵运林　赵　亮

高　鹏　黄志阳　符春晖　谢慧生

《施工现场线条训练手册》撰写委员会

主　任：赵运林

副主任：刘　栋　戚风力

撰稿人：邹秀健　石秋妹　张兴智　顾　晏　邓凯玲　肖积凤

李　伟

审　稿：金　敏　邹秀健　李　翔　张　贺　刘　安　梁林书

前言

P R E F A C E

基层员工是企业发展的基石，是企业实现一切目标的基础和根本。为贯彻落实中国石化集团有限公司“总经理第2号令”要求，进一步规范基层一线员工HSE应知应会、安全风险评估、危害识别、应急处置等知识和技能，按照HSE“五懂五会五能”有关要求，中国石化销售股份有限公司特开展基层员工“五懂五会五能”培训体系建设，开发了“五懂五会五能”系列课程，组织撰写了《中国石化销售企业HSE“五懂五会五能”训练手册》丛书（以下简称《训练手册》）。

《训练手册》明确了基层员工岗位职责和操作技能，是生产现场技能操作人员必备的作业指导书、员工持证上岗培训教材大纲和员工绩效考核的规范，涵盖加油站、加气站、加氢站、光伏及充换电、易捷服务、油库、成品油管道、施工现场共8个线条26个岗位。开发《训练手册》是培养专业与能力、整合内容与资源、训练技术与方法的集成，是销售公司员工培训体系建设的重要基础工作。

《训练手册》的编制以实现基层单位“一岗一清单、一岗一题库、一岗一手册”为目标。“清单”即岗位操作技能清单，“题库”即岗位培训考核配套试题，“手册”即《训练手册》，是基层岗位员工日常作业、学习培训的指导性资料。

施工现场线条从安全监管员的专业特点出发，将《施工现场线条训练手册》划分为进场前安全管理、风险识别、安全监管、应急管理四个部分，系统融合了施工安全管理制度标准的内容，明确了各操作步骤的技能要求，对推动“五懂五会五能”制度进工地、进现场、到岗位，打通制度落实“最后一公里”，确保公司施工安全稳定具有指导作用。各企业要学好用好《施工现场线条训练手册》，不断提升一线员工HSE知识和技能，为企业安全运行保驾护航，持续推动企业高质量发展。

目录

CONTENTS

GANGWEI
ZHIZE

第1章

岗位职责

PART

1

中国石化销售企业

HSE“五懂五会五能”

施工现场线条训练手册

施工安全监管员岗位

施工安全监管员应由具有生产、作业实践经验的人员担任，并佩戴明显标识。安全监管员的通用职责包括但不限于以下方面：

1	作业前，检查作业许可证与作业内容相符并在有效期内，许可证中各项风险防控措施得到落实，作业部位已贴挂标识
2	核查相关作业人员的有效资格证书
3	对作业时使用的脚手架、起重机械、电气焊（割）用具、手持电动工具等各种工器具的合格标识进行确认
4	检查作业人员配备和使用的个体防护装备满足作业要求
5	对作业人员的行为和现场安全作业条件进行检查与监督，负责作业现场的安全协调与联系，确保作业全过程安全风险受控
6	当作业现场出现异常情况时，应立即中止作业并采取安全有效的应急措施；当作业人员违章时，应及时制止违章，情节严重时，应收回作业许可证、中止作业
7	作业期间，监护人不得擅自离开作业现场且不得从事与监护无关的工作

第2章

操作技能

CAOZUO JINENG

PART 2

1 施工安全监管员岗位操作技能清单（34项）

序号	类别	名称	编码	技能点
1	进场前安全管理	承包商及人员管理	01	资质管理
			02	入场安全教育
			03	能力考评、验证
			04	健康资料复核
		设备管理	05	进场验收
			06	过程巡检
			07	完工退场
2	风险识别	风险识别	08	识别风险
			09	告知风险
			10	措施确认
3	安全监管	特殊作业监管	11	动火作业
			12	受限空间作业
			13	高处作业
			14	盲板抽堵作业
			15	动土作业
			16	临时用电作业
			17	吊装作业
		非常规作业	18	设备（管线）试压类作业
			19	物料排凝（放空）类作业
			20	拆卸、设备打开类作业
			21	高压清洗类作业
			22	临近高压带电体类作业

续表

序号	类别	名称	编码	技能点
3	安全监管	非常规作业	23	非常规采样类作业
			24	深基坑类作业
			25	临边施工类作业
4	应急管理	预案演练	26	应急预案演练
		应急救援	27	火灾爆炸事故
			28	高处坠落事故
			29	中毒窒息事故
			30	物体打击事故
			31	机械伤害事故
			32	触电事故
			33	高温中暑事故
			34	病毒感染

2 施工安全监管员操作规范

2.1 进场前安全管理

➢ 承包商及人员安全管理

操作项目1 资质管理

操作说明

操作步骤	操作内容（干什么、做到什么程度）	操作要点
1. 复核承包商资质	1. 复核承包商安全资质、专业资质和QHSE管理体系证书是否与投标文件、合同一致，并与承揽的项目资质要求相适应。 2. 复核安全资质、专业资质和QHSE管理体系证书是否真实并在有效期内。 3. 复核QHSE管理体系或安全管理体系、安全生产标准化的建立及运行情况；近三年的安全业绩情况（主要包括安全事故率、损失工时率、总伤害率及事故简要描述等）	1. 复印件留存现场，备查。 2. 各证书真实并在有效期内。 3. 承包商的施工、安装资质等级及安全资质要求，与承担的施工项目相适应，工作业绩能满足项目的需要
2. 复核主要管理人员资质	1. 复核合同中是否明确承包商项目负责人、安全负责人、质量负责人、施工负责人名单，不得擅自更换。明确特种作业人员和关键工种人员的资格要求、报审程序，进场前报项目主管部门审查。 2. 查询承包商项目部主要管理人员安全生产知识考核合格证书是否真实、有效。项目经理应持有建造师执业注册证书和项	1. 核实证书的有效性，打印留存现场。 2. 录入的相关信息要求承包商签字、盖章。 3. 核实施工人员无犯罪记录

续表

操作步骤	操作内容（干什么、做到什么程度）	操作要点
2．复核主要管理人员资质	目负责人安全生产知识考核合格证书（B证），安全员应持有专职安全生产管理人员安全生产知识考核合格证书（C证），企业负责人持A证。以上人员证件应为住建部门颁发。 3．复核参加项目的所有人员是否已经过当地公安系统进行身份信息采集、比对，防止非法人员进入现场。 4．复核施工进场人员花名册。主要管理人员是否有社保证明文件，是否是承包商自有人员。 5．复核主要管理人员的年龄应不超过法定退休年龄	证明文件。 4．现场施工人员的年龄应不超过法定退休年龄，从事特种作业的人员男性不宜超过50周岁，女性不宜超过45周岁。 5．在施工过程中，应定期核查承包商项目经理、安全管理人员、现场技术负责人、特种作业人员、特种设备作业人员和关键工种人员是否与投标文件中承诺的人员相一致，并检查持证情况。当发现无证上岗时，应立即清出施工现场
3．复核特种作业人员和特种设备作业人员资质	1．复核特种作业人员持安全生产监督管理部门颁发的“特种作业操作证”。在特种作业操作证及安全生产知识和管理能力考核合格信息查询平台（http//cx.mem.gov.cn）查询。 2．复核特种设备作业人员持市监局颁发的“特种设备作业人员证”。在全国特种设备公示信息查询平台（https://cnse.e-cqs.cn/）查询。 3．复核清罐及内衬等进入受限空间人员持有协会或单位培训合格的作业资格证。 4．复核承包商特种作业人员和特种设备作业人员的无犯罪记录证明文件。 5．复核作业人员：男性不宜超过50周岁，女性不宜超过45周岁。 6．复核承包商特种作业人员和特种设备作业人员是否录入施工进场人员花名册	

续表

操作步骤	操作内容（干什么、做到什么程度）	操作要点
4. 复核普通作业人员信息	1. 复核普通作业人员的无犯罪记录证明文件。 2. 复核普通作业人员年龄应不超过法定退休年龄。 3. 复核普通作业人员是否录入施工进场人员花名册	—
知识链接	《建筑业企业资质管理规定》《销售企业施工现场管理及风险防控检查要点》（106条）、《中国石化承包商安全监督管理办法》《建设工程质量管理条例》	

练习题

1. 项目经理应持有建造师执业注册证书和项目负责人安全生产知识考核合格证书（　）。

A. A证　　B. B证　　C. C证　　D. D证

2. 从事高处作业及特种作业的人员男性不宜超过（　）周岁，女性不宜超过（　）周岁。

A. 50；45　　B. 60；50　　C. 55；50　　D. 50；50

3. 特种设备作业人员应持政府颁发的“特种设备作业人员证”，其中起重机械的司机应持有（　）。

A. Q1　　B. Q2　　C. Q3　　D. Q4

操作项目2　入场安全教育

操作说明

<table>
<tr><th>操作步骤</th><th>操作内容</th><th>操作要点</th></tr>
<tr><td>1. 组织承包商全体人员入场安全教育</td><td>1. 组织对承包商参加项目的所有人员进行三级安全教育。
2. 组织对HSE禁令、保命条款进行重点安全教育。
3. 要求承包商提供本企业对参加项目的所有人员的安全培训记录文件。
4. 督促承包商须每日申报施工作业人员，负责每日审核作业人员与进场培训人员是否一致，是否有新增人员</td><td rowspan="2">1. 按照《中国石化承包商安全监督管理办法》要求，对承包商项目经理、安全员等管理人员进行面试审查，核对工作经历及同类项目业绩等情况，是否具备与所承担的施工项目现场相适应的安全管理资质和能力。
2. 重点是对语言沟通、心理健康、实操技能的考评。依据特种作业人员实操考核记录表，逐项对照打分，合格后签字确认。
3. 入场前，应组织所有进场人员进行三级安全教育，分工种进行针对性考试。
4. 核对承包商所提供本单位的人员教育记录花名册。要求进场花名册中的所有人员应经承包商安全培训合格，并报建设单位备案。
5. 新增人员应组织进行三级教育培训，考核合格后发放临时进场施工证，同时在花名册中增加对应人员</td></tr>
<tr><td>2. 组织承包商全体人员考试</td><td>1. 会同安全部门、监理单位对特种作业人员、特种设备作业人员进行考评、验证。
2. 负责对承包商项目的管理人员（项目负责人、项目技术负责人、安全管理人员）进行专项安全培训，考核合格后方可开工。
3. 负责对承包商参加项目的所有人员进行入场前的安全教育，考核合格后发给“临时出入证”</td></tr>
</table>

续表

操作步骤	操作内容	操作要点
3. 发放临时进场施工证件	1. 组织承包商项目关键管理人员由省公司安全部门（主管部门）培训考核。 2. 组织承包商所有施工人员参加市公司安全部门（或主管部门）、站库安全管理人员的安全教育。 3. 经考核合格后，颁发临时入场证，凭临时入场证方可进场施工	1. 考试合格后，发放临时施工人员临时出入证。出入证应注明使用期限，建议一般不超过6个月。 2. 新增发放临时进场施工证的人员，应同时在花名册中增加对应人员
知识链接	《销售企业施工现场管理及风险防控检查要点》（106条）《中国石化承包商安全监督管理办法》《销售公司施工作业安全管理办法》	

练习题

1. 施工安全监管员应组织本项目承包商全体人员进场安全教育，这里的承包商是指（　）。

A. 施工总承包单位

B. 专业承包单位

C. 监理、设计、勘察和检测单位

D. 以上全是

2. 施工安全监管员会同安全部门、（　）对特种作业人员、特种设备作业人员进行考评、验证。

A. 施工单位　B. 设计单位　C. 监理单位　D. 政府部门

操作项目3　能力考评、验证

操作说明

操作步骤	操作内容	操作要点
1. 承包商能力审核	1. 组织对承包商安全资质、专业资质和 QHSE 管理体系运行情况进行审查确认。重点做好承包商能力（业绩）、资源（人、机具）与其承接项目的匹配性评估，科学选商，从源头控制风险。 2. 组织业务范围内承包商的安全资质、能力的审查。 3. 组织监理对承包商特种作业人员和特种设备作业人员、工程需要的其他人员的业务技能进行现场考评。 4. 组织对承包商编制的施工现场生产安全事故应急预案进行评审，组织承包商开展应急演练。 5. 参与承包商生产安全事故的调查、处理	1. 制定本企业承包商安全监督管理制度，并监督检查落实情况。 2. 对承包商QHSE体系与中国石化体系的符合性进行审核，坚决清退不合格的承包商。 3. 承包商QHSE体系或安全、环保、质量体系取得认证，并定期审核。 4. 对项目安全技术措施或专项施工方案的审查。 5. 承包商技术负责人审批，专业监理工程师审核签字、总监理工程师签字并盖注册章。建设单位按审批权限批准。 6. 参与承包商生产安全事故的调查、处理
2. 施工方案审查	1. 组织监理审查承包商施工组织设计中的安全技术措施（以下简称安全技术措施）、危险性较大的分部分项工程中的专项施工方案（以下简称专项施工方案）。 2. 组织监理对重大设计变更、工期调整等重要影响因素进行论证和评估，制定相应的安全保障措施。 3. 计划工期在“两特两重”、雨季防汛、防暑防冻时间范围的，施工方案中要明确责任、措施及管理要求，加强风	

续表

操作步骤	操作内容	操作要点
2. 施工方案审查	险识别和施工管理，严防关键建筑物、构筑物遭到损毁及自然灾害等事故的发生。 4. 合同中约定项目开工前承包商提供危险性较大的分部分项工程清单和超过一定规模的危险性较大的分部分项工程清单。施工方案执行“三步走”制度［方案编制现场有调研（视频留档备查）、方案审查现场有记录（方案编制人、审批人必须全程参与）、方案发布现场有确认（方案定稿必须有评审组最终确认意见）］，会同承包商勘察工地现场，结合实地环境，以及设计、勘探单位建议，与施工方共同编制施工方案	
知识链接	《销售企业施工现场管理及风险防控检查要点》（106条） 《中国石化承包商安全监督管理办法》	

练习题

1. 实行全员承包商实名制管理。承包商（分包商）主要管理人员必须为（　），主要工种施工作业人员必须具备合法的劳动关系。

A. 专业人员　　B. 自有人员

C. 持证人员　　D. 项目人员

2. 2021年10月29日9时，某建设工地桩基项目现场，设备租赁商人员做打桩前的准备工作，在使用挖掘机将发电机车移位的过程中，造成租赁商一名作业人员受伤，经抢救无效死亡。此事故暴露出的问题有（　）。

A. 安全监管不到位

B. 租赁商作业人员安全技能和意识严重不足

C. 管理上，安全职责不落实、制度执行不落实、监督检查不到位

D. 以上均是

操作项目4　健康资料复核

操作说明

操作步骤	操作内容	操作要点
1. 人员健康证明复核	核实承包商所有进场人员的（职业）健康体检合格证明，无从事作业所涉及的工作禁忌证	1. 建立人员健康档案，实时监控人员健康状态。 2. 针对职业健康体检报告中发现的其他疾病，应要求承包商安排施工人员到综合性医院进行专业检查诊治
2. 疫情防控信息复核	核实疫情防控的信息统计，按照当地政府要求检查“户籍所在地”“疫苗注射情况”“规定时间的核酸检测报告”“行程码”和“健康码”等相关信息	测温合格、行程码不带*号、核酸检测报告为阴性
3. 职业病危害告知	会同监理检查施工现场设置职业危害告知牌，包含并不限于电焊烟尘职业危害告知牌、涂装作业职业病危害告知牌、电焊弧光职业危害告知牌、高温作业职业危害告知牌、噪声职业危害告知牌	职业危害告知牌设置在产生职业病危害的工作场所、设备及产品的显著位置
知识链接	《销售企业施工现场管理及风险防控检查要点》（106条）《中国石化承包商安全监督管理办法》《标准化工地建设指南》	

练习题

1. 参加项目的承包商所有人员应有（职业）健康体检合格证明，无从事作业所涉及的工作禁忌证。（　）

操作项目5 进场验收

操作说明

操作步骤	操作内容	操作要点
1. 进场设备及临时设施检查	1. 阅读出厂使用说明书规定的技术性能、承载能力和使用条件，监督作业人员正确操作，合理使用，严禁超载、超速作业或任意扩大使用范围。 2. 检查机械上的各种安全防护和保险装置及各种安全信息装置必须齐全有效。 3. 检查所有设备进场必须有合格证、质量合格证明等文件的原件，配电柜等设备应有说明书和相关技术文件，主要设备进场后，应由建设方、监理方、施工方、厂家共同开箱验收。 4. 机械使用前，应对机械进行检查，试运转。 5. 建立设备管理台账，核查设备进场是否经检查、验收确认。 6. 施工现场围挡：（1）严格按围挡及临边的要求及时、规范架设。（2）应采取刚性隔离，可选用彩钢瓦等硬质材料与公共区域隔开，不得采用彩条布、竹笆等，做到坚固、平稳、整洁、美观。（3）设置状态标识、安全标识及警示灯。（4）监护人员每次进入场地及关键时点要定期检查并记录	1. 进场设备应具备合格证、检测报告；外观、安全保护装置应齐全，应急装置正常完好。 2. 存在有效期的劳保用品应在使用有效期内（如安全帽等）。 3. 参与监理单位牵头组织对进场施工机具、设备完整性进行检查，检查合格、张贴标识后方可入场。 4. 施工现场围挡应采取刚性隔离，可选用彩钢瓦等硬质材料与公共区域隔开，不得采用彩条布、竹笆等，做到坚固、平稳、整洁、美观。 5. 现场总平布置图经业主和监理单位审批，施工区域应与办公、生活区划分清

续表

操作步骤	操作内容	操作要点
2. 进场设备及临时设施验收	1. 监理牵头对进场设备、机具进行验收；验收合格张贴合格证后，方可入场使用。 2. 出入严格管理：所有施工人员和施工车辆进入施工现场必须持有有效证件，进入人员均应佩戴安全帽；现场出入口设大门，夜间能上锁；大门内设置门岗，配置安全帽、卫生及急救物资等，由专人负责出入场记录，任何时候无关人员不得进入施工现场。 3. 现场总平布置要求：施工现场总平面布置图经业主和监理单位审批，施工区域应与办公、生活区划分清晰，有效隔离。 4. 临电设施：按施工现场临时用电安全技术规范做好临时用电设施的设置及安全隔离	晰，有效隔离，并与现场实际一致。 6. 设置七牌一图：工程概况牌、安全告知牌（QHSE方针目标及入场须知牌）、消防保卫牌、安全生产牌、管理人员名单及监督电话牌（QHSE组织机构及主要负责人信息）、重要危险源及职业病危害告知牌等，施工总平面布置图
知识链接	《建筑机械使用安全技术规程》《施工现场机械设备检查技术规程》《建筑施工安全检查标准》《销售企业施工现场管理及风险防控检查要点》（106条）《中国石化承包商安全监督管理办法》《标准化工地建设指南》	

练习题

1. 机械上的各种安全防护和保险装置及各种安全信息装置必须齐全有效。（　）

2. 企业应指定经培训考试合格的专门人员负责脚手架安全条件验收。（　）

3. 监理牵头对进场设备、机具进行验收；验收合格张贴合格证后，方可入场使用。（　）

操作项目6 过程巡检

操作说明

<table>
<tr><th>操作步骤</th><th>操作内容</th><th>操作要点</th></tr>
<tr><td>1. 设备运行、保养维护要求</td><td>1. 操作人员应遵守机械有关保养规定，认真及时做好机械保养维修工作，保持机械的完好状态，并做好维修保养记录。
2. 操作人员在作业过程中，应集中精力，正确操作，并检查机械工况，无擅自离开工作岗位或将机械交给无证人员操作的情况。无关人员不得进入作业区或操作室内</td><td rowspan="2">1. 设备、工器具的巡查记录台账逐项确认安全措施并签字。临时用电设施每日巡查不少于2次。
2. 负责在每次施工前复核“底限标准”并签字。
3. 机械安全装置必须齐全有效，传动部位应安装防护罩。
4. 机械操作人员应穿紧口衣裤，并束紧长发。
5. 负责作业现场安全管理，有权制止各类违章行为，直至停止施工作业</td></tr>
<tr><td>2. 设备巡检</td><td>1. 用人单位应当对劳动者进行劳动防护用品的使用、维护等专业知识的培训，检查作业人员的个体防护措施选用与佩戴是否正确，如安全帽、安全鞋、工作服、安全带等，符合《建筑施工作业劳动防护用品配备及使用标准》（JGJ184）的规定。
2. 检查设备和临时设施放置的消防器材是否正常并签字。
3. 检查搅拌机、木工机械、钢筋加工机械防护措施是否完好，符合“六有六必”（有轮必有罩、有轴必有套、有台必有栏、有洞必有盖、有轧点必有挡板、有特危必有连锁）的要求。
4. 检查临时用电设施的接线、接地、漏电保护器等是否正常，并签字。
5. 检查挖掘机、推土机、起重机等大型机械的正常使用</td></tr>
</table>

续表

操作步骤	操作内容	操作要点
知识链接	《建筑机械使用安全技术规程》《施工现场机械设备检查技术规程》《建筑施工安全检查标准》《销售企业施工现场管理及风险防控检查要点》(106条)《中国石化承包商安全监督管理办法》《施工作业安全管理办法》《建筑施工作业劳动保护用品配备及使用标准》	

练习题

1. 临时用电设施每日巡查不少于2次。( )
2. 机械操作人员应穿紧口衣裤，并束紧长发。( )

操作项目7　完工退场

操作说明

操作步骤	操作内容	操作要点
设备退场	1. 监督专业电工拆除临时用电的设备。 2. 监督设备拆除，清理现场，清点施工机具设备，与各方共同验收。 3. 在设备台账上录入退场时间	先停电，后拆除。验收、清点后，设备退场
知识链接	《销售企业施工现场管理及风险防控检查要点》（106条） 《施工作业安全管理办法》	

练习题

设备退场的主要操作要点是什么?

2.2 风险识别

操作项目8 识别风险

操作说明

<table>
<tr><th>操作步骤</th><th>操作内容</th><th>操作要点</th></tr>
<tr><td>1. 熟悉作业内容及现场</td><td>1. 设立项目部安全管理组织机构，明确各自职责。
2. 组织项目部安全管理机构人员对施工作业内容及现场环境进行安全查勘及会审。
3. 形成查勘及会审会议纪要</td><td rowspan="4">1. 对施工作业内容必须熟悉。
2. 现场的安全查勘必须深入。
3. 安全风险分析及制定预防措施必须符合实际情况。
4. 纳入报备的“双边”作业报备前做到“五到位”：作业项目安全风险评估到位；作业方案落实到位；施工组织准备到位；生产系统运行控制方案到位；视频监控到位。
5. 高风险“双边”作业实行“先计划、后报备、再作业”的管理程序</td></tr>
<tr><td>2. 作业步骤分解</td><td>1. 划分施工项目的作业步骤。
2. 确定作业步骤的难点</td></tr>
<tr><td>3. 分析风险点</td><td>1. 组织项目部对作业过程进行风险分析。
2. 分析存在的风险点及危害</td></tr>
<tr><td>4. 制定安全措施</td><td>1. 组织制定安全预防措施。
2. 按照组织机构分工进行安全施工方案的编制。
3. 按照项目部职责对方案进行会审、审批及签字</td></tr>
<tr><td>知识链接</td><td colspan="2">《安全生产法》《施工作业安全管理办法》《中国石化作业安全分析（JSA）管理办法》</td></tr>
</table>

练习题

高风险“双边”作业实行什么管理程序？

操作项目9　告知风险

操作说明

<table>
<tr><th>操作步骤</th><th>操作内容</th><th>操作要点</th></tr>
<tr><td>1. 组织现场承包商安全监管人员学习</td><td>1. 按照安全施工方案各分项作业内容中安全风险点及控制措施，组织作业人员及安全监管人员学习。
2. 对现场承包及监理单位监管人员进行书面考试。
3. 组织安全监管人员现场模拟考核</td><td rowspan="3">1. 安全施工方案的内容学习及考核。
2. 安全监管及各工种施工人员对工程的安全风险及控制要点需熟练掌握。
3. 每日晨会安全交底不能走过场。
4. 针对风险清单，对作业过程中存在明显高处坠落、物体打击、机械伤害、起重伤害、火灾、爆炸、中毒、窒息、触电等开展风险识别，有效落实管控措施</td></tr>
<tr><td>2. 承包单位组织施工人员进行风险培训</td><td>1. 根据安全施工方案中各工种作业内容确定工种类别及具体人员。
2. 分别对各工种人员进行安全风险及控制点培训。
3. 组织各工种分风险类别进行书面考试，特殊工种还需现场验证实操考核</td></tr>
<tr><td>3. 组织每日晨会安全风险交底</td><td>1. 每日开工前由现场监管人员分析作业内容，明确安全风险及控制措施。
2. 分工种对施工人员进行作业内容安全风险分析及预防措施交底。
3. 由施工人员领会并自述每日作业内容、风险点及防控措施</td></tr>
<tr><td>知识链接</td><td colspan="2">《中国石化承包商安全监督管理办法》《施工作业安全管理办法》</td></tr>
</table>

练习题

分工种对施工人员进行作业内容安全风险分析及预防措施交底。(　　)

操作项目10　措施确认

操作说明

操作步骤	操作内容	操作要点
1. 开工前安全文明施工措施确认	1. 开工前绘制安全文明总平面布置图，对现场全封闭临时围挡、“七牌一图”、防尘降噪、排污等环保措施、监控、施工作业区警示标识、现场分区、材物堆放等进行分别确认。 2. 对施工方案进行审核并签字确认。 3. 对承包商安全监管人员、各工种施工人员安全交底考试及考核确认	1. 在开工前检查安全文明施工措施到位情况，需详细确认。 2. 作业前、过程及完工，现场安全监护人员必须全程在场。 3. 现场安全监护人员需有强烈的安全意识。 4. 涉及易燃易爆、高温高压、有毒有害介质以及缺氧环境等作业，应在盲板抽堵点、法兰拆卸点、动火开口点、管线割断点、管线连续（碰头）点、设备打开点、电缆切割点等作业部位及拟拆除的废旧管线全线设置醒目标识。 5. 在拆卸或打开设备人孔和管线前，应将放空阀、导淋阀等有效打开，并确认设备、设施内部已恢复常压，残余能量已有效消除。 6. 作业前，开票人进行安全交底、确认现场安全措施，现场贴挂标识，明确作业部位，并在作业许可证上签字
2. 作业前进行安全确认	1. 在开具特殊作业票前用JSA分析法对风险进行分析，确认“七项”特殊作业及一般、非常规作业的设备设施安全措施。 2. 确认施工人员健康状况、安全劳保防护措施及防疫措施。 3. 落实安全措施，签字确认，并现场贴挂标识。 4. 逐项检查落实风险防控措施，并确认签字	

续表

操作步骤	操作内容	操作要点
3. 作业过程及完工安全措施确认	1. 对现场施工设备设施使用过程进行安全确认。 2. 在完工后对设备设施及人员收工过程进行安全确认。 3. 作业完毕，基层单位应组织对现场进行安全检查，确认无遗留安全隐患并清除所贴挂标识后进行完工验收，办理作业许可证关闭手续	1. 确认施工人员在作业中安全措施到位；根据不同作业要求，督促作业期间监护人实行分类管理，可分为双监护、单监护、区域监护、巡查监护四类监护形式。 2. 作业完毕，基层单位应组织对现场进行检查，确认无遗留安全隐患并清除所贴挂标识后进行完工验收，办理作业许可证关闭手续
知识链接	《中国石化承包商安全监督管理办法》《施工作业安全管理办法》《中国石化作业许可管理规定》《标准化工地建设指南》	

练习题

▸ 选择题

1. 作业期间监护人实行分类管理，可分为（　）监护形式。

A. 双监护　　B. 单监护　　C. 区域监护　　D. 巡查监护

E. 以上全是

▸ 判断题

2. 作业完毕，基层单位应组织对现场进行安全检查，确认无遗留安全隐患并清除所贴挂标识后进行完工验收，办理作业许可证关闭手续。（　）

2.3　安全监管

➢ 特殊作业安全监管

操作项目11　动火作业

操作说明

操作步骤	操作内容	操作要点
1. 作业预约	基层单位严格执行预约制度：提出申请，至少在作业前一天向相关部门进行预约，确保上一级生产管理部门、业务主管部门和安全管理部门知情	预约时应明确作业时间、作业内容及作业期限，提供作业人员合规合法的资格证件
2. 风险分析	开展JSA风险分析，并制定相应作业程序和安全措施	1. 应从工艺、设备、物料、环境、规章制度等方面进行风险分析。 2. 动火作业前，开票人应组织相关专业人员对监护人和作业人员进行安全交底，并在动火部位贴挂标识。交底内容包括作业内容、存在安全风险、风险防控措施、施工作业环境和应急处置要求等。 3. 现场施工人员能够做到在现场将此次作业的全过程、注意事项、防护要点、应急处置等方面向监管人员清晰地描述出来
3. 安全交底	在用火操作工进行现场操作前组织安全交底	

续表

操作步骤	操作内容	操作要点
4. 清理确认	用火设备内部应清理干净，蒸汽吹扫或水洗合格；用火设备外部及周边应清理一切可燃物，达到用火条件	监管人员应明确知晓距离用火点最近可燃物的方位、风向、数量和堆积高度
5. “双边”作业重点	双边作业时，应断开与用火设备相连接的所有管线，施加盲板并保证能量、物料隔离	应明确管道内的具体介质，并核实安全防范措施落实情况
6. 周边确认	用火点周围（最小半径15m）的下水井、地漏、地沟、电缆沟等已清除易燃物，并已采取覆盖、铺沙、水封等手段进行隔离	监管人员应明确周边地下的具体安全防范措施情况
7. 防溅措施	高处作业应采取防火花飞溅措施	应设置接火装置并在坠落半径内设置醒目标识及围栏
8. 把线确认	电焊回路线应接在焊件上，把线不得穿过下水井或与其他设备搭接	应始终明确把线的具体位置
9. 距离确认	乙炔气瓶（禁止卧放）、氧气瓶与火源间的距离不得少于10m	距离测量应符合标准
10. 应急物资	现场根据需要配备消防蒸汽带、灭火器、铁锹、灭火毯	消防器材配备的数量、位置应符合《建筑灭火器配置设计规范》的要求并应保持完好状态；应急物资配备应根据不同环境、物料特性进行规范配备

续表

操作步骤	操作内容	操作要点
11. 监控到位	视频监控已落实	视频监控要全方位无死角，并应保持畅通，录像天数不少于施工周期，必须全过程记录
12. 签署票据	以上各项确认后，会签、审批动火作业票	1. 确认票据的规范性及各级人员的签署情况。 2. 特级动火由基层单位上一级安全管理人员会签，上一级单位安全分管负责人审批签发；一级动火由基层单位上一级安全管理人员会签，基层单位负责人审批签发；二级动火由基层单位负责人审批签发。特级、一级动火作业许可证有效时间不超过8h，二级动火作业许可证有效时间不超过72h
知识链接	《中国石化动火作业安全管理规定》	

练习题

➤ 判断题

1. 对于动火点周围10m范围内有可能泄漏易燃、可燃物料的设备设施，应采取隔离措施；20m范围内严禁排放各类可燃气体。(　)

2. 在金属容器内、金属结构上及其他狭小工作场所焊接时，必须采取防触电措施，如采用垫橡皮垫、戴皮手套、穿绝缘鞋等，禁止使用简易无绝

缘外壳的电焊钳。(　)

3. 严禁无审批及合格措施在爆炸危险区动火作业；原则上不得在旧油罐周边、旧管道、通气管等爆炸区域范围内动火。(　)

∢ 选择题

4. 乙炔气瓶（禁止卧放）、氧气瓶与火源间的距离不得少于（　）m。

A. 8　　B. 10　　C. 15　　D. 20

事故案例

5. 某建工队承包某大礼堂大修时，切割工王某上屋顶进行钢屋架拆除切割作业，由于熔渣落下，引燃下面存放的废料、油毛毡等物引起火灾，等别人发觉时火势已猛，烧毁了整个礼堂。事故原因分析：(　)。

A.发现太晚

B.违反高空焊割作业防火安全措施的规定

C.未做焊割前的防范工作，未观察环境

D.属责任事故

6. 某焊工在调换乙炔气瓶时将气瓶卧放滚动到工作地方，即投入使用，因乙炔气瓶内丙酮流出而着火，焊工惊慌失措。事故原因分析：(　)。

A. 乙炔气瓶不合格

B. 焊工严重违反《溶解乙炔气瓶安全监察规程》规定

C. 使用前未将丙酮放空

D. 使用前未竖立置放20min

7. 某公司有甲、乙两焊工在大楼地下室房间内进行电焊、切割作业。时间一长，室内空气比较混浊，甲焊工便将割具与氧气管连接处断开，放出氧气改善室内空气质量。随即二人走出房间外透气休息，30min后再次进入房内施焊，不久室内起火，乙焊工破门而出，而甲焊工因全身衣服着火燃烧，加之烟雾很大，以致无法辨清房门逃生，最终被困在房内窒息死亡。事故原因分析：(　)。

A. 未及时进行现场急救

B. 焊工违章作业，违反“严禁采用氧气作通风气源”规定

C. 造成富氧环境，发生燃烧不易扑灭

D. 缺乏安全管理意识，现场管理不力

8. 某厂一焊工在12m高的金属结构上焊接，为安全起见，登高时带上了尼龙安全带，在焊接过程中，安全带被角钢缠住。当他转身去解安全带时，尼龙安全带被高温的焊缝熔断，人从高处坠落，造成终身残疾。事故原因分析：(　　)。

A. 尼龙安全带很结实，使用时要注意勿碰到高温焊缝

B. 未使用阻燃型安全带，尼龙安全带不适合焊工使用

C. 焊工安全意识淡薄，未了解现场可能变化情况

D. 监护人员未能检查到位

9. 某加工区厂房进行安装避雷针接地焊接作业，电焊工上厕所离开作业现场，未关闭弧焊机电源，装配工乘电焊工不在之际，擅自违章操作弧焊机，不慎被电击，经医院抢救无效死亡。事故原因分析：(　　)。

A. 装配工无焊工操作证违章作业

B. 电焊工离开作业现场未关闭弧焊机电源

C. 现场安全监管不到位

D. 动火手续不全

10. 某建筑工地，一名在30m高的吊塔上工作的电焊工在收工时，不慎掉落一根长约40cm、直径约4mm的电焊条，不偏不倚扎在地面上一名正仰头张望的工人左眼眶里，伤及眼球。经医生努力医治才保住这名工人的眼球。事故原因分析：(　　)。

A. 登高作业的焊工，没有使用专用工具袋

B. 现场管理不力，登高作业点地面未设置隔离警戒区

C. 这名工人缺乏自我保护意识，擅自进入高空作业点下方危险区内

D. 未挂安全带挂钩

11. 市郊某修理工厂，一名修理工用氧、乙炔切割一个空柴油桶。当切割进行到一半时，柴油桶突然爆炸，将他炸昏在地，左小腿鲜血淋淋。急送医院经抢救逐渐苏醒，左小腿被诊断为骨折。事故原因分析：(　　)。

A. 不是焊工却盲目动火，属违章作业

B. 现场无人监护进行作业

C. 违反“盛装过易燃易爆的容器，未彻底清洗不能焊割”的原则

D. 封闭的柴油桶有残留的液态或气体，受切割热量的影响，发生爆炸

操作项目12 受限空间作业

操作说明

操作步骤	操作内容	操作要点
1. 作业预约	依据预约流程，提前一天向相关部门进行预约	预约时应明确作业时间、作业内容及作业期限
2. 风险分析	开展JSA风险分析，并制定相应作业程序和安全措施	1. 应从工艺、设备、物料、环境、规章制度等方面进行风险分析。 2. 现场施工人员能够做到在现场将此次作业的全过程、注意事项、防护要点、应急处置等方面向监管人员清晰地描述出来
3. 安全交底	在进行现场操作前组织安全交底	
4. 盲板隔离	盛装过可燃有毒液体、气体的受限空间，所有与受限空间有联系的阀门、管线加盲板隔离，列出盲板清单，并落实拆装盲板责任人	施加的盲板应保证气密性，并设置醒目标识
5. 置换吹扫	盛装过可燃有毒液体、气体的受限空间，设备必须经过置换、吹扫、蒸煮	处置要彻底，处置期间应全程监护
6. 通风防护	设备打开通风孔进行自然通风，温度适宜人员作业；必要时采取强制通风或佩戴空气呼吸器，但设备内缺氧时，严禁用通氧气的方法补充氧	受限空间外现场配备一定数量符合规定的应急救护器具和灭火器材。出入口内外不得有障碍物，保证其畅通无阻，便于人员出入和抢救疏散

续表

操作步骤	操作内容	操作要点
7. 关联设备	相关设备进行处理，带有搅拌机的设备应切断电源，挂“禁止合闸”标示牌。在进入受限空间作业期间，严禁其他与该设备相关的试车、试压或试验工作及活动	作业前应告知关联设备的所属方
8. 防爆工具	检查受限空间内部，具备作业条件，施工人员必须使用防爆工具	查看合格证书
9. 进出畅通	检查受限空间进出口通道，不得有阻碍人员进出的障碍物	现场始终专人盯守，监护人与作业人员应约定联络信号
10. 气体分析	盛装过可燃有毒液体、气体的受限空间，应分析可燃、有毒有害气体含量	连续检测受限空间内可燃气体、有毒气体及氧气浓度；发现气体浓度超限报警，应立即停止作业、撤离人员；对现场进行处理，重新检测合格后方可恢复作业
11. 报警设备	进入受限空间作业人员（首先进入人员和最后出来人员）要携带与作业环境相适应的报警仪（包括可燃气、氧、硫化氢等报警仪）	报警仪应完好并保证在检测周期内
12. 内部情况	应清楚受限空间内存放的其他危害因素，如内部附件、集渣坑等	知晓内部结构，重点关注突出物和坑凹处

续表

操作步骤	操作内容	操作要点
13. 清场程度	应清楚出入受限空间作业人数、机具、材料、废料是否全部撤离	进出的人员、机具、材料应有记录
14. 归位确认	完工后应确认出入口及时封堵	应双确认，人孔立即封闭或用人孔封闭器警示标识
15. 应急物资	现场配备一定数量，符合规定的应急救护器具（包括空气呼吸器、供风式防护面具、救生绳等）	配备的数量应充足，器具应保持完好状态
16. 监控到位	视频监控已落实	视频监控要全方位无死角，并应保持畅通，录像天数不少于施工周期，必须全过程记录
17. 签署票据	以上各项确认后，会签作业票	确认票据的规范性及各级人员的签署情况；许可证有效期不超过24h
知识链接	《中国石化受限空间作业安全管理规定》	

练习题

◀ 判断题

1. 特殊作业不得实行巡查监护，但可以实行施工方和基层单位轮流监护。(　)

2. 严禁未到现场安全确认签批作业。（ ）

3. 安全带、救生绳、空气呼吸器等救援设施应保持正常使用状态。（ ）

◀ 选择题

4. 进入受限空间作业前，应进行氧含量检测合格，氧含量控制在（ ）。

A. 19.5%~23.5% B. 23.5%~30.5%

C. 30.5%~40.5% D. 40.5%~45.5%

5. 事故案例

某建设（集团）公司施工的某小区二期工程8号楼，1名民工在人工挖孔桩井内取水作业时，发生窒息坠落桩底，另3名民工在无任何防护的情况下，下井施救，因措施不当相继窒息昏倒，后经现场其他人员报警，消防人员穿戴防毒面具将4人救出，经抢救无效造成4人死亡的重大安全事故。

5-1. 该事故的直接原因是（ ）。

A. 在无监护情况下施工

B. 井下换气不好

C. 工人身体健康状态较差

D. 下井前应实验后方可下去作业

E. 工人下井前应穿戴好安全防护用品

5-2. 下列说法正确的有（ ）。

A. 本起事故属于二级重大死亡事故

B. 发生本起事故后，应在2h以内报告主管部门

C. 施工现场缺乏气体检测装置和急救设施

D. 工人安全意识淡薄，缺乏安全知识，自我防护意识差，只顾施工进度，不严格按安全操作规程进行作业

E. 在消防人员到来之前不应该由工人下井自救

事故案例

案例一

2015年10月29日，某地市公司安排某签约清罐单位对某加油站2#油罐进行清罐作业。18:00，施工人员蒋某（男，39岁）佩戴电动送风长管空气呼吸器和安全绳进罐作业，陈某站在油罐操作井口把住蒋某的安全绳和导气软管进行保护。18:19，陈某等人注意到蒋某在罐内不断尝试将断裂的导气软管与流量阀进行对接，并试图用安全绳将人拖出但未成功，蒋某很快倒在罐底。加油站立即报警，19:08，公安消防人员赶到并将蒋某救出。蒋某经抢救无效死亡。

一、原因分析

1. 直接原因

在未进行油罐内可燃气体浓度、氧含量检测的情况下，施工人员蒋某佩戴长期失检的空气呼吸器进罐作业，安全绳和空气呼吸器的导气软管在罐内支架处缠绕，导气软管接口断裂脱落，蒋某中毒晕倒。监护人员因备用空气呼吸器失效无法及时施救，蒋某最终抢救无效，中毒窒息死亡。

2. 间接原因

（1）安全生产责任制不落实。业务单位没有落实“谁主管、谁负责”要求，安监部门角色错位，既负责清罐作业的组织施工，又负责安全监管，管理混乱、现场失控。

（2）票证管理混乱。该地市公司多名审批人员均未到现场签发作业票证，未对作业风险进行有效识别，未对安全技术措施进行确认，同时存在代签问题。

（3）承包商管理混乱。承包商入场前安全培训不到位，安全考试流于形式；设备机具进场前未进行检查，现场所用个体防护器材存在严重缺陷；该地市公司对承包商违章行为未进行有效制止。

（4）施工现场安全条件检查确认缺失。对施工方案审查流于形式，没有落实油罐吹扫、处理，没有确认气体分析合格，对方案存在的“未进行风险识别、未制定防范措施”等问题视而不改。

（5）应急救援不力。未制订简明有效的应急预案，未配置完好备用的应急器材，清罐单位的备用空气呼吸器失效，该地市公司未配置必要的应急救援工具。

二、防范措施

（1）按照“谁主管、谁负责”“谁的业务、谁负责”的原则，各职能部门和业务单位要全面履行安全生产主体责任，安监部门要切实履行好监管责任，避免角色错位。

（2）严格直接作业票证办理，审批人必须在认真审查施工方案、检查确认施工安全条件后，现场签发。

（3）严格规范承包商管理，业主单位要合理安排承包商检维修作业的业务范围，认真履行业主单位在作业条件检测、监护等方面的职责，为承包商创造安全的作业环境。

（4）确保作业前安全确认到位，进入油罐等受限空间作业前，要制订吹扫、处理方案，做好现场盲板加、拆的检查确认，要确认受限空间分析合格。临时用电、高处作业等各类直接作业，也要针对现场施工环境，明确并落实相应的具体措施。

（5）确保应急救援“三到位”，即应急救护器具到位，业主单位配备空气呼吸器、救生绳等必要品；应急预案到位，现场人员熟知紧急状况的逃生路线和救护方法；应急培训到位，相关人员掌握事故避险逃生、自救互救技能。

案例二

2019年9月11日11时32分，某分公司某加油站承包商作业人员宫某、高某在1#汽油罐内，用滚刷蘸取塑料桶内含有不饱和聚酯树脂的涂料，对罐壁进行涂刷。田某在罐外送料，承包商付某、监理王某、加油站员工王某权在外监护。17时23分31秒，塑料桶内突然闪燃，随后火势迅速蔓延，造成1人死亡。

一、直接原因

施工工艺不满足本质安全要求：所用不饱和聚酯树脂中含43.6%的苯乙烯（闪点34℃），苯乙烯挥发与空气形成爆炸性混合气体；盛装不饱和聚酯树脂的塑料桶没有导静电措施，致使静电积聚；作业人员宫某使用滚刷在塑料桶内蘸取不饱和聚酯树脂的过程中，产生引火性静电放电，苯乙烯气体局部闪燃，点燃桶内不饱和聚酯树脂，导致火灾事故发生。

二、间接原因

（1）未识别出不饱和聚酯树脂的火灾爆炸风险，施工方案中没有内衬材料、施工工艺的防火防爆管控措施。该分公司各级审核人员在对方案内容不熟悉、不了解的情况下，均签字同意。

（2）罐内通风管末端距罐口0.5m左右，未伸入到罐底深处，通风不良，易使罐内局部空间爆炸性可燃气体积聚。

（3）未执行《中国石化进入受限空间作业安全管理规定》中“作业人员进入受限空间作业应佩戴便携式气体报警仪；对有可能释放有毒物质的空间，应连续监测”的规定，未能实时掌握罐内可燃气体浓度，可燃气体超标时未能及时采取应急措施。

（4）现场监理和技术指导形同虚设。现场监理人员年龄超过65周岁，不具备石油化工行业监理资质，对内衬法工艺风险不了解，未能掌握使用涂料的危害性，对现场通风、气体检测等安全措施监管缺失。现场技术指导人员对安全措施不落实、配料凭经验等问题没有及时纠正。

（5）应急救援措施不落实：罐内未配备灭火器，桶内树脂着火后未能及时扑救；作业时将油罐内直梯撤走，致使罐内起火后作业人员无法撤离；应急救援过程中未能正确使用灭火器，现场没有长管呼吸器或空气呼吸器，两次施救失败。

（6）落实《加强直接作业环节安全管理十条措施》严重不到位，项目管理和现场安全风险失控。

操作项目13　高处作业

操作说明

操作步骤	操作内容	操作要点
1．作业预约	依据预约流程，至少提前一天向相关部门进行预约	预约时应明确作业时间、作业内容及作业期限，提供作业人员合规合法的资格证件
2．风险分析	开展JSA风险分析，并制定相应作业程序和安全措施	1．应从工艺、设备、物料、环境、规章制度等方面进行风险分析。 2．现场施工人员能够做到在现场将此次作业的全过程、注意事项、防护要点、应急处置等方面向监管人员清晰地描述出来。 3．陆地风力在五级以上、海上风速在15m/s以上、浓雾、暴雨（雪）、雷电等天气，不应进行高处作业；雨雪天确需作业的，应采取防滑措施；暴雨（雪）、台风过后，应对作业现场及劳动保护设施进行检查，发现隐患立即整改，合格后方可恢复作业
3．安全交底	在进行现场操作前做好安全交底	
4．规范着装	确认登高人员身体条件符合要求、着装符合工作要求	1．高处作业人员的年龄男性不超过50周岁、女性不超过45周岁，无高处作业职业禁忌证，凡患有未控制的高血压、恐高症、癫痫、晕厥及眩晕症、器质性心脏病或各种心律失常、四肢骨关节及运动功能障碍疾病，以及其他不适于高处作业疾病的人员，不得从事高处作业。 2．作业人员劳动保护用品应符合高处作业要求，禁止穿硬底和易滑的鞋进行高处作业

续表

操作步骤	操作内容	操作要点
5. 防护器具	检查作业人员使用符合要求的安全带、安全绳、防坠网。使用的脚手架、吊篮、防护栏、梯子等符合安全要求	防护器具均应完好并在有效期内，现场应有备用物资
6. 随身物品	确认作业人员的工具袋，所用工具均应系有安全绳	1. 安全绳应牢固无磨损、无断裂痕迹，安全带应高挂低用，系挂点下方应有足够的净空。 2. 因条件限制无法系挂安全带的高处作业，垂直攀爬高度超过6m的作业，无法设置外架防护或作业平台的临边、洞口作业，应增设生命绳或防坠器等防护设施
7. 交叉作业	交叉作业必须错时错位硬隔离	1. 在同一坠落方向上，一般不得进行上下交叉作业，无法避免时，必须采取“错时、错位、硬隔离”措施。 2. 监护人员必须在同一作业水平面实施监护，无法做到时须进行实时监控
8. 临边设施	高处作业平台四周应设置防护栏、挡脚板；临边及洞口四周设置防护栏、警示标志、防护网或采取覆盖措施。高处带压堵漏等特殊情况应设置逃生通道	1. 管廊、临边作业时，必须铺设安全网，警示标识应醒目。 2. 脚手架的搭设必须符合国家有关规程和标准，并经过验收、挂合格标识牌后方可使用。 3. 应根据实际需要配备符合安全要求的梯子、挡脚板、跳板等。 4. 拆除脚架、防护棚时，应设警戒区并派专人监护，不应上下同时施工。探伤检测需要使用脚手架时，每次作业前必

续表

操作步骤	操作内容	操作要点
8．临边设施		须由基层单位组织相关方（脚手架搭设单位、检测单位、监理单位）共同进行现场安全条件确认
9．踏板牢固	在彩钢瓦屋顶、石棉板、瓦棱板等轻型材料上方作业时，应铺设牢固的脚手板加以固定	1．脚手板上应有防滑措施，并采取拉设纵向和横向生命绳等安全防护措施。 2．严禁在未固定、无防护设施的构件、管道上进行作业或通行。 3．脚手板铺设过程中形成的孔洞要及时封闭
10．照明条件	高处作业有充足照明	照明应无死角
11．通信畅通	高处作业应保证通信、联络工具正常使用	30m及以上高处作业应配备通信联络工具，通信工具应完好、声音清晰
12．救援物资	现场配备担架等救援物资	配备的器具应保持完好状态
13．监控到位	视频监控已落实	视频监控应保持畅通无死角
14．签署票据	以上各项确认后，会签作业票	1．确认票据的规范性及各级人员的签署情况。 2．因作业需要，临时拆除或变动安全防护设施时，应经作业审批人同意，并采取相应的防护措施。作业后应立即恢复，重新组织验收。 3．当作业中断，再次作业前，应重新对环境条件和风险防控措施予以确认；当作业内容和环境条件变更时，需要重新办理许可证。

续表

操作步骤	操作内容	操作要点
14. 签署票据	以上各项确认后，会签作业票	4. 许可证有效期为作业项目的一个周期，原则上不超过3天
知识链接	《中国石化高处作业安全管理规定》	

练习题

支撑架设满足设计承重；作业平台须满铺踏板、全程安全栏杆及密目网防护；每超（　）步架子须设安全平网。

A. 一　　B. 二　　C. 三　　D. 四

事故案例

2014年11月22日，某石油公司根据工作需要委托保洁公司对某加油站进行罩棚清洗作业。当日8时许，保洁公司6名保洁人员进入加油站，接受加油站站长安全教育考试，考试后，开始搭接组装移动式脚手架（由保洁公司租赁）并进行罩棚清洗作业。15时30分许，在脚手架上还有3名保洁人员的情况下，另外3名负责地面监护的保洁人员推移脚手架更换清洁工作面。脚手架在移动过程中失去平衡倾倒，脚手架上3名保洁人员随即从近5m的高度上随脚手架跌落受伤，其中2人送医经抢救无效死亡，另外1人轻伤。

一、直接原因

保洁公司作业现场地面监护人员违规推移载有作业人员的脚手架，

脚手架重心偏移、失去平衡倾倒直接导致事故发生。

二、间接原因

（1）承包商选择把关不严；（2）施工安全教育流于形式；（3）清洗作业组织随意混乱；（4）现场安全监管形同虚设。

操作项目14　盲板抽堵作业

操作说明

操作步骤	操作内容	操作要点
1. 作业预约	依据预约流程，至少提前一天向相关部门进行预约	预约时应明确作业时间、作业内容及作业期限
2. 风险分析	开展JSA风险分析，并制定相应作业程序和安全措施	1. 应从工艺、设备、物料、环境、规章制度等方面进行风险分析。 2. 现场施工人员能够做到在现场将此次作业的全过程、注意事项、防护要点、应急处置等方面向监管人员清晰地描述出来
3. 安全交底	在进行现场操作前组织安全交底	
4. 关闭阀门	确认盲板抽堵作业点上下游阀门已关闭	1. 按照隔离的有关要求，盲板抽堵作业点的上下游阀门进行有效隔断并上锁挂牌。盲板应加在有物料来源阀门的另一侧，盲板两侧均需安装合格垫片，所有螺栓必须紧固到位。拆盲板前，应确认设备、系统复位符合投用条件。 2. 盲板选用应根据管道内介质的性质、温度、压力和管道法兰密封面的口径等选择相应的材料、强度、口径和符合设计、制造要求的盲板及垫片，高压盲板使用前应经超声波探伤

续表

操作步骤	操作内容	操作要点
5. 泄压排放	盲板抽堵作业点介质排放、泄压	泄压排放时应做好“滴洒漏”管控措施
6. 作业告知	上下游相关岗位明确知晓该项作业	作业前应保证知晓
7. 保证通风	保证作业现场与控制室通风畅通	提前做好通风条件准备
8. 周边环境	在盛装过可燃气体的管道上进行盲板抽堵作业时，作业地点30m内不应有动火作业；在盛装过可燃液体的管道上进行盲板抽堵作业时，作业地点15m内不应有动火作业	在泄压排放关键时段，周边不得进行动火等特殊作业
9. 涉及作业	若存在高处等作业，需办理相应作业票	根据具体情况开具相应作业票
10. 防毒防腐蚀措施	对于有毒介质，佩戴正压式空气呼吸器，并检查备用呼吸器状况良好；对于腐蚀性介质，佩戴防酸碱护镜或面罩等；对于强腐蚀性介质，应穿戴全身性的防腐蚀防护用品，检查备用防护用品状况良好	应确认防护器具的完好性并保证在有效期内
11. 防护措施	应根据介质不同情况，做好作业人员安全防护	1. 防护措施应包含应急救援物资。 2. 作业人员个人防护用品应符合GB/T 11651《个体防护装备选用规范》的要求。

续表

操作步骤	操作内容	操作要点
11. 防护措施	应根据介质不同情况，做好作业人员安全防护	在火灾爆炸危险场所进行盲板抽堵作业时，作业人员应穿阻燃防静电工作服；在介质温度较高或较低时，应采取防烫或防冻措施；在强腐蚀性介质的管道、设备上进行盲板抽堵作业时，作业人员应采取防止酸碱化学灼伤的措施
12. 使用机具	对于易燃易爆介质，使用的器具应为防爆器具，禁止用铁器等黑色金属敲打，并以水雾稀释	在易燃易爆场所进行盲板抽堵作业时，应使用防爆灯具与防爆工具；有可燃气体挥发时，应采取水雾喷淋等措施，消除静电，降低可燃气体危害
13. 高危应急	对必须带压等危险性大的作业，作业前应制订专项应急预案	应急预案和专项方案应经过审核批准
14. 同时作业	不应在同一管道上同时进行两处或两处以上的盲板抽堵作业	现场核实是否在同一管道上同时进行两处或两处以上的盲板抽堵作业
15. 盲板管理	施加盲板按编号挂牌，并建档立册	1. 按照规范使用盲板，建立台账。 2. 施工单位应按位置图进行盲板抽堵作业，并对每块盲板挂牌标识，标牌编号应与盲板位置图上的盲板编号一致，基层单位应逐一确认并做好记录
16. 应急物资	现场配备消防蒸汽带、灭火器、铁锹、灭火毯	配备的数量应充足，器具应保持完好状态

续表

操作步骤	操作内容	操作要点
17. 监控到位	视频监控已落实	视频监控应保持畅通无死角
18. 签署票据	以上各项确认后，会签作业票	确认票据的规范性及各级人员的签署情况
知识链接	《中国石化盲板抽堵作业安全管理规定》	

练习题

选择题

1. 盲板垫片应根据管道内介质性质、(　　)、温度选用合适的材料制作。

A. 密度　　B. 危险性　　C. 压力　　D. 质量

判断题

2. 盲板抽堵作业时，应确认距作业点30m内不得有物料排放、采样、动火等作业。(　　)

事故案例

2021年5月29日，某石化公司烯烃部2号烯烃联合装置（老区）7号裂解炉区域发生一起爆燃事故，造成1人死亡、5人重伤、8人轻伤，事故造成直接经济损失共计839.87万元。

一、事故的直接原因

该石化公司烯烃部2号乙烯装置（老区）在停车检修期间，完成管线氮气吹扫置换后，未关闭7号裂解炉进料管线45号盲板上、下游阀门。相关人员在未完成“盲板抽堵作业许可证”签发流程，未对7号裂解炉进料管线45号盲板上、下游阀门状态进行现场确认的情况下，即开展抽盲板作业。同时，作业人员打开了轻石脑油进料界区阀门，造成轻石脑油自45号盲板未封闭的法兰处高速泄漏，汽化后发生爆燃。

二、事故的间接原因

1. 安全生产责任制未落实：某石化公司未能有效督促从业人员严格执行本单位的安全生产规章制度及操作规程；作业现场统一协调管理不力，对作业人员调配管理失当；相关单位主要负责人安全生产履职不力，未及时检查安全生产工作，消除事故隐患。

2. 盲板作业管理混乱：相关人员未按《某石化盲板抽堵作业安全管理细则》要求，在未有效落实作业许可证审批手续、未确认盲板抽堵作业安全措施的情况下，即开展盲板抽堵作业。

3. 开工条件确认流于形式：相关人员违反《某石化公司（2号乙烯老区）装置开工方案》《某石化生产装置开停工及检维修HSE管理细则》规定，开工要求执行不到位；未对现场阀门的安全状态进行有效确认；开工过程监督管理不力，未能做到全流程闭环。

4. 作业组织协调存在漏洞：相关人员交叉作业风险辨识不清，操作指令发出不规范；在未能有效沟通协调的情况下，引料操作和抽堵盲板两个高风险作业同时进行，导致过程失控。

操作项目15 动土作业

操作说明

操作步骤	操作内容	操作要点
1. 作业预约	依据预约流程，至少提前一天向相关部门进行预约	预约时应明确作业时间、作业内容及作业期限，提供作业人员合规合法的资格证件
2. 风险分析	开展JSA风险分析，并制定相应作业程序和安全措施	1. 应从工艺、设备、物料、环境、规章制度等方面进行风险分析。 2. 现场施工人员能够做到在现场将此次作业的全过程、注意事项、防护要点、应急处置等方面向监管人员清晰地描述出来
3. 安全交底	在现场操作前组织安全交底	
4. 地下设施	确认地下电力电缆、光纤、供排水、消防管线、工艺管线等隐蔽设施保护措施已落实	作业前进行地下勘探
5. 提前定位	作业前应按施工方案图划线和立桩定标	制作的划线和定标应防水，并保证不易被破坏
6. 附属票据	作业地点若处于易燃易爆场所，需要办理用火许可证	根据危险爆炸区域，设立围挡，办理附属作业票
7. 临设围挡	作业现场围栏、警戒线、警告牌、夜间警示灯已按要求设置	围挡高度符合规范、牢固有效，并做到全封闭、全覆盖
8. 坡道防护	已进行放坡处理和固壁支撑	支撑应牢固，提前考虑土方移动

续表

操作步骤	操作内容	操作要点
9. 逃生通道	人员进入口和撤离安全措施已落实（梯子或坡道）	通道应对角设立，并做好防滑等措施
10. 政府报备	若在道路施工作业，应向交通、消防、安全监督部门、应急中心等部门报备	提前报备防止外部因素影响
11. 气体检测	备有可燃气体检测仪、有毒介质检测仪	密切关注地下沼气等关键事宜
12. 场地照明	现场夜间有充足照明	照明应做到全场无死角
13. 资料整理	动土范围内无障碍物，并已在总图上做标记	施工应及时做好台账登统
14. 应急物资	现场配备消防蒸汽带、灭火器、铁锹、灭火毯	配备的数量应充足，器具应保持完好状态
15. 监控到位	视频监控已落实	视频监控应保持畅通无死角
16. 签署票据	以上各项确认后，会签作业票	确认票据的规范性及各级人员的签署情况，一个施工点、一个施工周期应办理一张作业许可证
知识链接	《中国石化动土作业安全管理规定》	

练习题

1. 开挖深度超过（　）m含（　）m的基坑（槽）的土方开挖、支护、降水工程应编制专项施工方案。

A. 0.6；0.6　　B. 0.8；0.8　　C. 2；2　　D. 3；3

2. 基坑开挖深度范围内有地下水时，应采取有效的（　），地下水宜在每层土方开挖面以下0.8~1.0m，严禁有水挖土作业。

A. 降水措施　　B. 降水与排水措施

C. 排水措施　　D. 支护措施

事故案例

2018年8月21日，某加油站旁施工工地发生塌方，造成2死1伤。事故现场为某加油站输油管改造施工现场，当时3名工人正在底部进行加油站防渗改造作业，突然罐池一侧池壁发生坍塌。

一、事故直接原因

罐池壁防护措施不力。

二、事故间接原因

（1）现场防渗改造施工管理组织混乱，风险排查不到位。

（2）主体责任不落实，施工监理单位履责不到位。

（3）施工现场监督检查责任不落实。

（4）施工作业许可以及施工方案编制未有效落实。

操作项目16 临时用电作业

操作说明

操作步骤	操作内容	操作要点
1. 作业预约	依据预约流程，至少提前一天向相关部门进行预约	预约时应明确作业时间、作业内容及作业期限，提供电气作业人员的有效电工作业证
2. 风险分析	开展JSA风险分析，并制定相应作业程序和安全措施	1. 应从工艺、设备、物料、环境、规章制度等方面进行风险分析。 2. 现场施工人员能够做到在现场将此次作业的全过程、注意事项、防护要点、应急处置等方面向监管人员清晰地描述出来
3. 安全交底	凡具有火灾爆炸危险的现场操作，对用火操作工进行安全交底	
4. 防爆要求	应保证防爆场所使用的临时电源、电气元件和线路达到相应的防爆等级要求并有安全措施	按照防爆等级配置
5. 线路标准	临时用电的单相和混用线路采用五线制	使用的线路应为国标标准，杜绝非标材料
6. 架空要求	临时用电线路架空高度符合规范要求，架空连线不得采用裸线，严禁设在树木上或脚手架上	架空时应考虑场内和道路等不同情况
7. 埋地要求	暗管埋设及地下电缆线路设有“走向标志”和“安全标志”，电缆埋深大于0.7m	标识应悬挂在醒目位置

续表

操作步骤	操作内容	操作要点
8. 电箱标准	现场临时用电配电盘、箱应有电压标识和危险标识，应有编号和防雨措施，离地距离不少于30cm；总（分）配电箱使用时应上锁	1. 室外设置时应考虑到侧风雨的防雨措施。 2. 总（分）配电箱使用时应上锁
9. 漏保标准	临时用电设施安有漏电保护器，移动工具、手持式电动工具应“一机一闸一保护”	一机一闸一保护
10. 负荷标准	用电设备、线路容量、负荷应符合要求	—
11. 低压规范	行灯电压不应超过36V，在特别潮湿的场所或塔、槽、罐等金属设备内，不得超过12V	—
12. 应急物资	现场配备消防蒸汽带、灭火器、铁锹、灭火毯	配备的数量应充足，器具应保持完好状态
13. 监控到位	视频监控已落实，监护措施已到位	1. 视频监控应保持畅通无死角。 2. 在开关上接、拆临时用电线路时，其上级开关应断电并上锁挂牌；接、拆线路作业时，应有监护人在场
14. 签署票据	以上各项确认后，会签用电作业票	确认票据的规范性及各级人员的签署情况，临时用电时间不应超过15天
知识链接	《中国石化临时用电作业安全管理规定》	

练习题

判断题

1. 暗管埋设及地下电缆线路设有“走向标志”和“安全标志”，电缆埋深大于0.7m。( )

选择题

2. 行灯电压不应超过36V，在特别潮湿的场所或塔、槽、罐等金属设备内，不得超过( )V。

A. 12　　B. 24　　C. 36　　D. 220

3. 事故案例

某工程加夜班浇注混凝土，安排电工将混凝土搅拌机棚的3个照明灯接亮，当电工将照明灯接完线推闸试灯时，听见有人喊“电人啦”，立即将闸拉断，但是手扶搅拌机的杨某倒地，经医院抢救无效死亡。经查工地使用的是四芯电缆，在线路中工作零线已断掉，且开关箱和动力线路混设。

3-1. 事故原因分析正确的为( )。

A. 事故的直接原因是搅拌机与照明共用一条电源线，当3个照明灯用380V两相线供电时，因工作零线断掉，使搅拌机外壳带电，当开灯时杨某触电

B. 这段线路没按临时用电TN-S系统的要求使用五芯线，而是使用了四芯线，因此线路上没有设保护零线PE。当零线断掉时，设备外壳带电

C. 搅拌机开关箱中没有设置漏电保护器，当外壳漏电时，操作者触电死亡

D. 电工应当在现场没有作业人员的情况下推闸试灯送电

E. 施工现场应将照明与动力两条线路分设

3-2. 施工临时用电工程必须经( )和使用单位共同验收，合格后方可投入使用。

A. 编制部门　　B. 审核部门　　C. 批准部门　　D. 建设单位

E. 监理单位

3-3. 建筑施工现场临时用电工程专用的电源中性点直接接地的220／380V三相四线制低压电力系统，必须符合（ ）的规定。

A. 采用三级配电系统　　B. 采用TN-S接零保护系统

C. 采用二级漏电保护系统　　D. 漏电保护器

E.保护接零

3-4. 直接接触触电防护的适应性措施是（ ）。

A. 绝缘　　B. 屏护　　C. 采用四芯电缆供电

D. 采用安全电压　　E. 采用漏电保护器

3-5. 配电系统中漏电保护器的设置位置按规范要求应该是（ ）。

A. 总配电箱总路、分配电箱总路　B. 分配电箱总路、开关箱

C. 总配电箱　　D. 开关箱

E. 分配电箱各分路、开关箱

操作项目17　吊装作业

操作说明

操作步骤	操作内容	操作要点
1. 作业预约	依据预约流程，至少提前一天向相关部门进行预约	预约时应明确作业时间、作业内容及作业期限，提供作业人员合规合法的资格证件
2. 风险分析	开展JSA风险分析，并制定相应作业程序和安全措施	1. 应从工艺、设备、物料、环境、规章制度等方面进行风险分析。 2. 现场施工人员能够做到在现场将此次作业的全过程、注意事项、防护要点、应急处置等方面向监管人员清晰地描述出来
3. 安全交底	对吊装操作工、信号指挥工现场操作前进行安全交底	
4. 资格确认	核查指挥人员应佩戴鲜明的标志，并按规定的联络信号统一指挥；作业人员应坚守岗位	相关人员资格应符合标准规范
5. 约定信号	起重指挥人员必须按规定的指挥信号进行指挥，操作人员应清楚吊装方案和指挥信号	应事前排定简洁明了的旗语等约定信号
6. 试吊测试	正式起吊前应进行试吊，检查全部机具、地锚受力情况；发现问题，应先将工件放回地面，待故障排除后重新试吊；确认一切正常后，方可正式吊装	试吊时应严格按照吊装要求办理

续表

操作步骤	操作内容	操作要点
7. 故障应急	吊装过程中出现故障，起重操作人员应立即向指挥人员报告；没有指挥令，任何人不得擅自离开岗位	人员应全部在岗值守，任何人发现险情均应向指挥汇报
8. 绳索确认	起吊重物就位前，应确认绳索完好，不得解开吊装索具	应检查绳索的完好性
9. 防护用品	作业前进行安全技术交底，作业人员应穿戴合格的劳保用品。作业人员个人防护用品应符合《个体防护装备选用规范》（GB/T 11651）的要求	司机、信号指挥工应穿戴合格有效的防护用具
10. 设定禁区	作业现场实行视频监控，吊装半径内设定警戒线，禁止无关人员进入警戒区	吊装过程中吊物及起重臂移动区域下方不得有任何人员经过或停留
11. 应急物资	现场配备消防蒸汽带、灭火器、铁锹、灭火毯	配备的数量应充足，器具应保持完好状态
12. 监控到位	视频监控已落实	视频监控应保持畅通无死角
13. 签署票据	以上各项确认后，会签作业票	确认票据的规范性及各级人员的签署情况
知识链接	《中国石化吊装作业安全管理规定》	

练习题

1. 正式起吊前应进行试吊，检查全部机具、地锚受力情况；发现问题，应先将工件放回地面，待故障排除后重新试吊；确认一切正常后，方可正式吊装。(   )

2. 起吊重物就位前，应解开吊装索具，确认绳索完好。(   )

事故案例

某石化企业井供水工程基本结束后，需要整理现场多余供水软管。2015年11月14日10:30，该石化企业签约承包商随车吊驾驶员赵某按安全员张某安排，驾驶随车吊会同3名工作人员开始收集沿线水管。14:10，赵某将随车吊在一山坳处就位后，自己操作随车吊手柄，伸出支撑腿和吊臂，做起吊前的准备工作。14:15，赵某操作随车吊起吊第一卷软管，当吊臂转向车厢时，吊臂触碰到农电10kV高压线（离地面高度约6.6m），赵某触电，后经抢救无效死亡。

一、直接原因

承包商随车吊驾驶员赵某操作吊车进行软管吊装时，吊臂触碰到上方10kV高压电线，导致赵某触电身亡。

二、间接原因

（1）特种作业管理混乱。承包商现场起重作业未办理起重作业许可证；随车吊驾驶员赵某属无证上岗作业；作业现场无专业人员指挥。

（2）风险分析、危害识别不到位。供水工程施工方案和工作前JSA风险分析表中未识别出10kV高压线存在的触电风险；在作业过程中，现场人员未能识别出触电风险，未能落实防触电措施。

（3）作业现场监管不到位。安全员未到现场对起重作业进行监管。施工过程中未组织公司层面的安全检查，没有履行检查职责。

（4）安全生产责任制分解落实不到位。承包商岗位安全生产责任制分解不具体、内容不全面。在该公司安全管理体系中，项目经理、项目副经理、安全员、车辆管理员等管理岗位安全职责未涉及特种作业内容，生产岗位人员无起重机械操作安全职责。项目经理、安全员职责中明确了安全检查内容，但没有严格落实。

（5）安全教育培训不到位。承包商三级安全教育考试未涉及起重作业风险内容，安全教育培训针对性不强。赵某未参加国家主管部门组织的起重作业人员专业培训和考核，作业现场存在无证上岗的违章现象，且未得到及时制止。

三、防范措施

（1）加强特种作业管理。起重作业必须按照《中国石化起重作业安全管理规定》办理许可证；作业人员和指挥人员必须持证上岗；全面梳理单位内特种作业人员持证情况，确保特种作业人员持证上岗；对特种作业人员要定期进行内部培训、考核，提高特种作业人员操作技能和专业技术水平。

（2）加强作业前风险分析和作业过程中的安全监管。作业前必须开展JSA分析，做好书面危害告知、安全技术交底，制定全面具体的安全防范措施并严格落实。安全员必须到现场履行安全检查职责。公司层面要定期对作业现场进行安全检查，及时排查、消除事故隐患。

（3）进一步分解落实安全生产责任制。要结合工作实际，评估安全生产责任制的全面性和针对性。要制定安全生产责任制考核标准，定期监督、检查、考核责任制落实情况，确保责任制落实到位。

（4）管理、技术等各类人员的配备要同时满足主体项目和辅助工程的业务需要，制定科学、合理的工作流程，解决人力与工程量不匹配、安全管理松散等问题，确保各项作业规范、标准、安全。

➢ 非常规作业安全监管

操作项目18　设备（管线）试压类作业

操作说明

操作步骤	操作内容	操作要点
1. 作业预约	至少提前一天向相关部门进行预约	明确作业时间、作业内容及作业期限
2. JSA分析	组织在《设备（管线）试压类作业》的非常规作业许可证中开展JSA分析	分解作业步骤，补充安全措施
3. 安全交底	对试压作业人员开展升降压安全措施交底	安全交底
4. 防护确认	检查作业现场人员穿戴劳保用品，包括安全帽、护目镜、防护服等	个人防护用品验收合格
5. 机具验收	检查工器具安全技术性能，严禁不合格机具入场	机具验收合格
6. 工艺确认	1. 对设备进行工艺处理并设置盲板隔离。 2. 恢复常温常压，消除残余能量	恢复常温常压
7. 操作确认	1. 紧固试压管线，平稳放置试压设备。 2. 检漏人员不要正对法兰连接处检漏。 3. 试压管线、容器周围设立醒目的试压安全标识，行人不得靠近	作业环境验收
8. 视频监控	1. 视频监控安装。 2. 接入监控平台	视频监控全覆盖

续表

操作步骤	操作内容	操作要点
9. 作业许可	1. 安全措施逐条现场确认。 2. 会签作业许可证	作业许可证已审批，在有效期内
10. 作业监护	1. 在岗监护。 2. 违规时，叫停	双监护
11. 完工验收	1. 环境恢复原状。 2. 工器具和人员撤离。 3. 作业许可证关闭、收回	完工验收，作业许可证关闭
知识链接	《中国石化作业许可管理规定》	

练习题

管线试压作业前，应对工艺管道进行工艺处理并设置盲板隔离。(   )

操作项目19 物料排凝（放空）类作业

操作说明

操作步骤	操作内容	操作要点
1. 作业预约	至少提前一天向相关部门进行预约	明确作业时间、作业内容及作业期限
2. JSA分析	组织开展JSA分析	分解作业步骤，补充安全措施
3. 安全交底	对放空作业人员开展安全措施交底	安全交底
4. 防护确认	检查作业现场人员穿戴劳保用品，包括安全帽、护目镜、便携式报警仪、防护服（防静电）等，毒害作业环境应佩戴正压式呼吸器	个人防护用品验收合格
5. 机具验收	检查工器具安全技术性能，严禁不合格机具入场	机具验收合格
6. 工艺确认	1. 现场仪表、放空阀状态等进行确认。 2. 工艺管线或容器温度、压力及物料等现场确认。 3. 物料管线或容器采取有效的能量隔离措施，无法实现能量隔离时穿好隔离防护装备	能量隔离
7. 操作确认	1. 排凝（放空）前，对阀门开关状态进行确认，准备好排污设施。 2. 缓慢开阀，密切关注观察排放口情况	观察排放口
8. 视频监控	1. 视频监控安装。 2. 接入监控平台	视频监控全覆盖

续表

操作步骤	操作内容	操作要点
9. 作业许可	1. 安全措施逐条现场确认。 2. 会签作业许可证	作业许可证已审批，在有效期内
10. 作业监护	1. 在岗监护。 2. 违规时，叫停	双监护
11. 完工验收	1. 环境恢复原状。 2. 工器具和人员撤离。 3. 作业许可证关闭、收回	完工验收，作业许可证收回
知识链接	《中国石化作业许可管理规定》	

练习题

物料管线或容器放空作业前，应采取有效的能量隔离措施，无法实现能量隔离时穿好隔离防护装备。(　)

操作项目20　拆卸、设备打开类作业

操作说明

操作步骤	操作内容	操作要点
1. 作业预约	至少提前一天向相关部门进行预约	明确作业时间、作业内容及作业期限
2. JSA分析	组织开展JSA分析	分解作业步骤，补充安全措施
3. 安全交底	对设备打开作业人员开展安全措施交底	安全交底
4. 防护确认	检查作业现场人员穿戴劳保用品，包括安全帽、护目镜、防护服（防静电）等，毒害作业场所应佩戴隔离式呼吸面罩	个人防护用品验收
5. 机具验收	检查工器具安全技术性能，严禁不合格机具入场	机具验收合格
6. 工艺确认	对设施进行吹扫置换，对工艺物料、电气设备等采取有效能量隔离	有效隔离确认
7. 连接确认	1. 检查机泵、管道、容器连接紧固。 2. 恢复常温常压，消除残余能量	消除残余能量
8. 操作确认	1. 作业过程应站在上风向，站位合理。 2. 作业前对周边环境进行确认，停止周边动火作业。 3. 作业现场四周已设置警戒区和安全标识。 4. 足够的照明，作业现场清理干净	操作前安全确认
9. 视频监控	1. 视频监控安装。 2. 接入监控平台	视频监控全覆盖

续表

操作步骤	操作内容	操作要点
10. 作业许可	1. 安全措施逐条现场确认。 2. 会签作业许可证	作业许可证已审批，在有效期内
11. 作业监护	1. 在岗监护。 2. 违规时，叫停	双监护
12. 完工验收	1. 环境恢复原状。 2. 工器具和人员撤离。 3. 作业许可证关闭、收回	完工验收，作业许可证收回
知识链接	《中国石化作业许可管理规定》	

练习题

◁ 判断题

1. 打开设备前，检查机泵、管道、容器连接紧固，同时恢复常温常压，消除设备残余能量。(　　)

◁ 选择题

2. 2021年10月25日16时57分，企业计划对重整预加氢装置循环氢压缩机A进行预防性维修。维保单位施工人员错误拆开正在运行的B机入口过滤器法兰，物料喷出着火，造成1人轻伤。按照体系思维，采用“五个回归”溯源分析，分析内容有(　　)。

A. 管理职责不具体、不明确，该单位作业许可管理规定和一般作业安全管理办法中，未明确监护人职责。现场交底职责落实存在漏洞

B. 制度规程不落实，执行中存在偏离或不符，规定了此类作业需要领导签批，实际没有执行

C. 人员能力不满足要求

D. 对同类事故不敬畏，事故教训吸取不到位

E. 以上全是

操作项目21 高压清洗类作业

操作说明

操作步骤	操作内容	操作要点
1. 作业预约	至少提前一天向相关部门进行预约	明确作业时间、作业内容及作业期限
2. JSA分析	组织开展JSA分析	分解作业步骤，补充安全措施
3. 安全交底	对清洗作业人员开展安全措施交底	安全交底
4. 防护确认	检查作业现场人员穿戴劳保用品，包括安全帽、护目镜、防护服等	个人防护用品验收
5. 机具验收	检查工器具安全技术性能，严禁不合格机具入场	机具验收合格
6. 工艺确认	对设施进行工艺处理，吹扫、置换盲板隔离，切断电源并挂牌	确认有效隔离
7. 连接确认	清洗枪头、高压胶管等接头，连接紧固	检查连接接头
8. 操作确认	1. 作业人员必须接受专业技术培训，熟悉高压清洗设备的操作要点，熟悉设备基本特性。 2. 清洗设备升压前，确认喷枪与设备的相对位置正确，严禁枪头对人，作业过程中操作人员严禁在高压清洗作业前方或作业半径2m范围内。 3. 原则上同一场地不应多枪头作业，特殊情况下操作者之间必须设置护栏或保持足够的空间距离。 4. 作业现场四周已设立警戒区	操作前安全确认

续表

操作步骤	操作内容	操作要点
9. 视频监控	1. 视频监控安装。 2. 接入监控平台	视频监控全覆盖
10. 作业许可	1. 安全措施逐条现场确认。 2. 会签作业许可证	作业许可证已审批，在有效期内
11. 作业监护	1. 在岗监护。 2. 违规时，叫停	双监护
12. 完工验收	1. 环境恢复原状。 2. 工器具和人员撤离。 3. 作业许可证关闭、收回	完工验收，作业许可证收回
知识链接	《中国石化作业许可管理规定》	

练习题

判断题

1. 在高压清洗作业过程中，操作人员严禁在高压清洗作业前方或作业半径2m范围内。(　　)

选择题

2. 某烯烃厂二烯装置溶剂冷却器因换热效果变差，决定从芳烃厂引入甲苯，用以浸泡清洗冷却器内的焦油状聚合物。2021年10月27日，将冷却器切开，28日16时41分，使用芳烃厂输送过来的甲苯浸泡清洗时发生火灾，事故未造成人员伤亡。该事故暴露的问题有（　　）。

A. 风险识别不到位　　B. 实际操作未执行清洗工艺方案

C. 工艺处理方案不完善　　D. 领导安全引领力不够

E. 以上均是

操作项目22　临近高压带电体类作业

操作说明

操作步骤	操作内容	操作要点
1. 作业预约	至少提前一天与相关部门预约	明确作业时间、作业内容及作业期限
2. JSA分析	组织开展JSA分析	分解作业步骤，补充安全措施
3. 安全交底	对临近带电体作业操作人员进行风险告知和技术交底	安全交底
4. 安全措施验收	1. 检查临近高压带电体作业的设备必须装设可靠的接地装置。 2. 遇六级以上大风、大雾、暴雨等恶劣天气，严禁开展临近高压带电体作业。 3. 在高压线其他架空线一侧进行起吊作业时，要按照《电力建设安全工作规程》的要求执行	安全间距的确认
5. 作业许可	1. 安全措施逐条现场确认。 2. 会签作业许可证	作业许可证已审批，在有效期内
6. 作业监护	1. 在岗监护。 2. 违规时，叫停	双监护
知识链接	《中国石化作业许可管理规定》	

练习题

1. 临近高压带电体类作业时，距离110kV架空输电线路间的最小安全距离是（　）m。

A. 2　　B. 3　　C. 5　　D. 6

2. 遇（　）级以上大风、大雾、暴雨等恶劣天气，严禁开展临近高压带电体作业。

A. 四　　B. 五　　C. 六　　D. 十

操作项目23 非常规采样类作业

操作说明

操作步骤	操作内容	操作要点
1. 作业预约	至少提前一天与相关部门预约	明确作业时间、作业内容及作业期限
2. JSA分析	组织开展JSA分析	分解作业步骤，补充安全措施
3. 安全交底	对非常规取样作业操作人员进行风险告知和技术交底	安全交底
4. 安全措施验收	1. 确认取样点附近无其他危险作业。 2. 对取样前准备工作进行检查。 3. 监督取样人站在取样点上风口。 4. 检查取样器和容器应符合安全规定	安全措施的确认
5. 作业许可	1. 安全措施逐条现场确认。 2. 会签作业许可证	作业许可证已审批，并且在有效期内
6. 作业监护	1. 取样操作时，应处于能看清楚地看到取样点的地方并观察整个取样操作过程。 2. 违规时，叫停	双监护
知识链接	《中国石化作业许可管理规定》	

练习题

非常规采样作业的安全措施有哪些？

操作项目24　深基坑类作业

操作说明

操作步骤	操作内容	操作要点
1. 作业预约	至少提前一天向相关部门进行预约	明确作业时间、作业内容及作业期限
2. JSA分析	组织作业人员开展JSA，分析存在的安全风险，绘制动土作业点示意图，制定相应风险防控措施，并在作业许可证中进行确认	分解作业步骤，补充安全措施
3. 安全交底	对深基坑内作业操作人员进行风险告知和技术交底	安全交底
4. 安全措施验收	1. 检查工器具、设备性能和现场环境条件，发现问题及时处理。 2. 检查地面和地下排水工作，严防地面水渗入作业层面造成塌方。 3. 检查基坑的支护措施，对坑壁的稳定性进行监测。 4. 检查人员上下的梯子，保证人员快速进出；两人以上同时挖土时应相距2m以上，防止工具伤人。 5. 检查临边防护措施，如围栏、盖板和警告标志，夜间应设警示灯。在地下通道施工或进行顶管作业影响地上安全，或地面活动影响地下施工安全时，应设围栏、警示牌、警示灯	安全措施的确认
5. 作业许可	1. 安全措施逐条现场确认。 2. 会签作业许可证	作业许可证已审批，在有效期内

续表

操作步骤	操作内容	操作要点
6. 作业监护	1. 全过程执行监护。 2. 违规时，叫停	双监护
知识链接	《中国石化作业许可管理规定》	

练习题

2018年8月18日，某加油站防渗改造工程司机董某从罐池内北侧开始挖掘，先将沙土挖掘转移到罐池内南侧。当下挖至罐池底部时，挖掘机无法清理油罐支座周边和罐池底板的沙土。严某、林某A和林某B进入罐池配合挖掘机清理沙土。14时41分左右，罐池北侧挡墙突然坍塌，正在清理作业的严某、林某A和林某B被坍塌的石块、沙土掩埋。林某A和林某B相继救出并送往县人民医院进行救治，两人经救治无效死亡。

请问：此事故暴露出的直接原因是什么？

操作项目25 临边施工类作业

操作说明

操作步骤	操作内容	操作要点
1. 作业预约	提前一天向相关部门进行预约	明确作业时间、作业内容及作业期限
2. JSA分析	组织开展JSA分析	分解作业步骤，补充安全措施
3. 安全交底	对临边施工作业人员进行风险告知和安全技术交底	安全交底
4. 安全措施确认	1. 检查坠落高度基准面2m及以上进行临边作业时，应在临空一侧设置防护栏杆，并应采用密目式安全立网或工具式栏板封闭。 2. 检查施工的楼梯口、楼梯平台和梯段边，应安装防护栏杆；外设楼梯口、楼梯平台和梯段边还应采用密目式安全立网封闭。 3. 检查建筑物外围边沿处，对没有设置外脚手架的工程，应设置防护栏杆；对有外脚手架的工程，应采用密目式安全立网全封闭。密目式安全立网应设置在脚手架外侧立杆上，并应与脚手杆紧密连接。 4. 检查施工升降机、龙门架和井架物料提升机等在建筑物间设置的停层平台两侧边，应设置防护栏杆、挡脚板，并应采用密目式安全立网或工具式栏板封闭。 5. 检查停层平台口应设置高度不低于1.80m的楼层防护门，并应设置防外开装置。井架物料提升机通道中间，应分别设置	安全措施的确认

续表

操作步骤	操作内容	操作要点
4. 安全措施确认	隔离设施。 6. 检查基坑和洞口临边维护，满足规范要求	安全措施的确认
5. 作业许可	1. 安全措施逐条现场确认。 2. 会签作业许可证	作业许可证已审批，在有效期内
6. 作业监护	1. 全过程监护。 2. 违规时，叫停	双监护
知识链接	《中国石化作业许可管理规定》	

练习题

临边类施工作业主要检查内容有哪些?

2.4 应急管理

➤ 应急预案

操作项目26 应急预案演练

操作说明

<table>
<tr><th>操作步骤</th><th>操作内容</th><th>操作要点</th></tr>
<tr><td>1. 确认演练目的和需求</td><td>1. 明确举办应急预案演练的目的。
2. 列出通过演练要解决的问题。
3. 明确期望达到的效果。
4. 明确需通过演练锻炼的技能和检验的设备。
5. 通过演练完善应急处置的流程</td><td rowspan="5">1. 严格参照审核后的专项应急预案进行现场演练。
2. 参演人员需各司其职，严肃对待，将演练当成真实情况来处置。
3. 根据演练后领导点评，按照实际演练的情况和演练中的问题，及时对专项应急预案进行调整</td></tr>
<tr><td>2. 确定演练范围和方式</td><td>1. 确定演练类型和方式。
2. 确定参与演练的人员。
3. 确定演练需要的设备</td></tr>
<tr><td>3. 动员和培训</td><td>1. 开展演练前动员，确保参加人员严肃认真开展演练。
2. 对参与人员进行演练规则培训。
3. 对参与人员在演练中的任务进行培训落实</td></tr>
<tr><td>4. 进行演练</td><td>按照应急预案的内容开展演练</td></tr>
<tr><td>5. 现场总结，留存记录</td><td>1. 由现场领导对演练过程进行讲评。
2. 讲评内容主要为参演人员表现、演练中暴露的问题、解决问题的办法。
3. 留存应急预案演练过程档案</td></tr>
<tr><td>知识链接</td><td colspan="2">《生产安全事故应急演练基本规范》</td></tr>
</table>

练习题

◀ 选择题

1. 事故应急预案的编制程序包括：①桌面推演；②成立预案编制工作组；③资料收集；④风险评估；⑤应急预案调查；⑥应急预案编制；⑦应急预案的评审；⑧应急预案的批准实施。这8个步骤，其排列顺序正确的是（　）。

A. ②③④⑤⑥①⑦⑧

B. ③②④⑤⑥①⑦⑧

C. ②③④⑤⑥⑦①⑧

D. ③②④⑤⑥⑦①⑧

◀ 判断题

2. 应急预案是指针对可能发生的事故，为迅速、有序地开展应急行动而预先制订的行动方案。（　）

3. 编制应急预案的目的是，避免紧急情况发生时出现混乱，确保按照合理的响应流程采取适当的救援措施，预防和减少可能随之引发的职业健康安全和环境影响。（　）

4. 应急预案编制完成后，项目经理审核生效。（　）

操作项目27 火灾爆炸事故

操作说明

操作步骤	操作内容	操作要点
1. 报告	立即停止作业，并向项目负责人上报。 立即拨打医疗报警电话120、火警电话119	1. 严格参照审核后的专项应急预案进行操作。 2. 人员需各司其职。 3. 现场救护人员必须按规定佩戴好个人防护用品。 4. 现场救护人员应经过消防、急救等培训，会正确使用消防器材。 5. 现场救护人员应经过应急处置培训，针对不同类别的事故，采取相应的处置措施和救护方案。 6. 应保护好事故现场，便于进行事故调查
2. 现场处置	1. 火势很小，可以用手提灭火器、消防水源、消防沙进行扑救；事故现场火势蔓延扩大，不能自行灭火时，应立即报火警（119）。 2. 在消防人员到达事故现场之前，应尽可能切断火源、电源，撤离未着火物资，并根据不同类型的火灾，采取不同的灭火方法，加强冷却，采取撤离周围易燃可燃物品等办法控制火势。 3. 对于有可能形成有毒或窒息性气体的火灾，应佩戴防毒面具或采取其他措施，以防救援灭火人员中毒；在消防人员到达事故现场后，听从指挥积极配合专业消防人员完成灭火任务。 4. 疏散现场人员	
知识链接	《生产安全事故应急演练基本规范》 《中国石化动火作业安全管理规定》	

练习题

◀ 选择题

1. 作业现场出现危险品泄漏，首先应如何处理？(　　)

A. 边处理边施工　　B. 报告公司领导

C. 停止作业，撤离人员　　D. 进行收集处理

2. 在电气设备发生火灾时，不应该用（　　）灭火。

A. 卤代烷　　B. 水　　C. 干粉　　D. 沙土

◀ 判断题

3. 扑救爆炸物品火灾时，切忌用沙土盖压，以免增强爆炸力。(　　)

操作项目28　高处坠落事故

操作说明

操作步骤	操作内容	操作要点
1. 报告	立即停止作业，并向项目负责人上报。 立即拨打医疗报警电话120	1. 严格参照审核后的专项应急预案进行操作。 2. 人员需各司其职。 3. 现场救护人员必须按规定佩戴好个人防护用品。 4. 现场救护人员应经过消防、急救等培训。 5. 现场救护人员应经过应急处置培训，针对不同类别的事故，采取相应的处置措施和救护方案。 6. 应保护好事故现场，便于进行事故调查
2. 现场处置	1. 发生高处坠落伤害事故后，现场安全管理人员应马上组织抢救伤者。 2. 首先观察伤者的受伤情况、部位、性质，如伤员发生休克，应由医护人员处理休克，并去除伤员身上的用具和口袋中的硬物等。对于处于休克状态的伤员，要让其安静、平卧、保暖、少动，并将其下肢抬高20°，尽快送医院进行救治。 3. 如出现颅脑损伤或脊椎受伤，必须维持伤者呼吸道通畅，并及时送到就近的医院救治。搬运时，将伤者平卧放在硬板或帆布担架上，以免受伤的脊椎移位、断裂造成截瘫，甚至死亡。抢救脊椎受伤者时，搬运过程中严禁只抬伤者的两肩与两腿或单肩背运。 4. 发现伤者手足骨折时，不要盲目搬动。应在骨折部位用夹板把受伤位置临时固定，使断端不再移位或刺伤肌肉、神经或血管。 5. 遇有创伤性出血的伤员，应迅速包扎止血，使伤员保持在头低脚高的卧位，并注意保暖	

续表

操作步骤	操作内容	操作要点
知识链接	《生产安全事故应急演练基本规范》 《中国石化高处作业安全管理规定》	

练习题

高处坠落事故中，发现伤者手足骨折时，不要盲目搬动。(　　)

操作项目29 中毒窒息事故

操作说明

<table>
<tr><th>操作步骤</th><th>操作内容</th><th>操作要点</th></tr>
<tr><td>1. 报告</td><td>立即停止作业，并向项目负责人上报。
立即拨打医疗报警电话120</td><td rowspan="2">1. 救援人员在施救前，应正确佩戴好相关安全防护用品，做好自身防护措施后再进行施救。
2. 采取通风换气措施时，严禁用纯氧进行通风换气，以防止氧气中毒。
3. 对于受限空间（密闭空间）内禁止使用明火的地点，严禁使用明火并应消除静电。
4. 根据现场事态的发展，由现场安全负责人决定是否组织人员疏散，避免造成更大的人员伤害事故</td></tr>
<tr><td>2. 现场处置</td><td>1. 现场安全管理人员应立即组织将中毒人员搬离危险地点，放到空气流通的地方，保持呼吸道通畅。
2. 脱去污染的衣着，迅速用清水冲洗皮肤。
3. 如呼吸困难，给输氧；如呼吸停止，立即进行人工呼吸，并马上送就近的医院救治，同时汇报当班负责人或公司安全负责人。
4. 停止现场作业，找出中毒伤害的原因，及时消除危险点。
5. 当受限空间（密闭空间）作业人员发生窒息或中毒事故时，施救人员应先强制向受限空间（密闭空间）内通风换气后方可进入进行施救；对于可能产生有毒气体的地点，救援人员应先进行有毒气体检测和氧气检测，确认安全或者救援人员防毒呼吸器佩戴正确后进行施救。
6. 现场应设置隔离措施，专人维持现场秩序</td></tr>
<tr><td>知识链接</td><td colspan="2">《生产安全事故应急演练基本规范》
《中国石化受限空间作业安全管理规定》</td></tr>
</table>

练习题

当受限空间（密闭空间）作业人员发生窒息或中毒事故时，施救人员应先强制向受限空间（密闭空间）内通风换气后方可进入进行施救。(　　)

操作项目30　物体打击事故

操作说明

操作步骤	操作内容	操作要点
1. 报告	立即停止作业，并向项目负责人上报。 立即拨打医疗报警电话120	1. 事故发生后，应按“先救命，后治伤”的原则进行。 2. 要备齐必要的应急救援物品，如车辆、医药箱、担架、止血带、通信设备等。 3. 非专业救护人员不可进行人工呼吸和胸外心脏按压术。 4. 拨打报警电话后，应派人到门口接应，并保护好事故现场，以便进行事故调查处理
2. 现场处置	1. 当发生物体打击事故后，抢救的重点放在对颅脑损伤、胸部骨折和出血上进行处理。 2. 发生物体打击事故，应马上组织人员抢救伤者，首先观察受伤者的受伤情况、受伤部位、伤害性质等。如伤员发生休克，应先处理休克；遇呼吸、心跳停止者，应立即进行人工呼吸、胸外心脏按压术。 3. 出现颅脑损伤，必须维持呼吸道通畅，昏迷者应平卧，面部转向一侧，以防舌根下坠及分泌物、呕吐物吸入而发生喉阻塞；有骨折者，应初步固定后再搬运；遇有凹陷骨折、严重的颅底骨折及严重脑损伤症状出现，创伤处用消毒的纱布或清洁布等覆盖伤口，用绷带或布条包扎好，及时送就近的医院治疗。 4. 发现脊椎受伤者，用消毒的纱布或清洁布等覆盖伤口，用绷带或布条包扎。在搬运过程中，应将伤者平卧放在帆布担架或硬板上，以免受伤的脊椎移位、断裂造成截瘫，甚至死亡。 5. 发现伤者手足骨折，不要盲目搬动伤者。应在骨折部位用夹板把受伤位置临时固定，使断端不再移位或刺伤肌肉、神经或血管。固定方法：以固定骨折处上下关节为原则，可就地取材，用木板、竹竿等材料包扎固定。在无材	

续表

操作步骤	操作内容	操作要点
2. 现场处置	料的情况下，上肢可固定在身侧，下肢与健侧下肢缚在一起。 6. 遇有创伤性出血的伤员，应迅速包扎止血，使伤员在头低脚高的卧位，并注意保暖，迅速在现场止血处理后送医院治疗	
知识链接	《生产安全事故应急演练基本规范》《中国石化吊装作业安全管理规定》《中国石化高处作业安全管理规定》	

练习题

物体打击事故发生后，处置原则是什么？

操作项目31　机械伤害事故

操作说明

操作步骤	操作内容	操作要点
1. 报告	立即停止作业，并向项目负责人上报。 立即拨打医疗报警电话120	1. 及时停止机械运行。 2. 要备齐必要的应急救援物品，如车辆、医药箱、担架、止血带、通信设备等。 3. 非专业救护人员不可进行人工呼吸和胸外心脏按压术。 4. 拨打报警电话后，应派人到门口接应，并保护好事故现场，以便进行事故调查处理
2. 现场处置	1. 当发生机械伤害事故后，在不影响安全的前提下，要立即切断机械的电源。 2. 迅速对伤员进行检查。急救检查应先看神志、呼吸，接着摸脉搏、听心跳，再查瞳孔，有条件者测血压。检查局部有无创伤、出血、骨折、畸形等变化。 3. 迅速拨打120急救电话，简要说明伤员的受伤情况、症状等，并询问清楚在救护车到来之前，应该做些什么。 4. 迅速小心地使伤员脱离伤源，必要时，拆卸机器，小心移出受伤人员，不得强行拽拉。 5. 遇有呼吸、心跳停止者，可采取人工呼吸或胸外心脏按压术。 6. 对骨折的伤员，应利用木板、竹片和绳布等捆绑骨折处的上下关节，固定骨折部位。 7. 对伤口出血的伤员，应让其以头低脚高的姿势躺卧，使用消毒纱布或清洁织物覆盖伤口，用绷带较紧地包扎，以压迫止血，或者选择弹性好的橡皮管、橡皮带或三角巾、毛巾、带状布巾等止血。 8. 对断手、断指的伤员，要对伤口进行包扎止血、止痛，进行半握拳状的功能固定。 9. 对头皮撕裂的伤员，用生理盐水冲洗有伤部位，涂红汞后用消毒大纱布、消毒棉花紧紧包扎，压迫止血	

续表

操作步骤	操作内容	操作要点
知识链接	《生产安全事故应急演练基本规范》《中国石化吊装作业安全管理规定》《中国石化高处作业安全管理规定》	

练习题

机械伤害事故发生后，现场应如何处置？

操作项目32　触电事故

操作说明

<table>
<tr><th>操作步骤</th><th>操作内容</th><th>操作要点</th></tr>
<tr><td>1．报告</td><td>立即停止作业，并向项目负责人上报。
立即拨打医疗报警电话120</td><td rowspan="2">1．应由电工及时断开电源。
2．要备齐必要的应急救援物品，如车辆、医药箱、担架、止血带、通信设备等。
3．非专业救护人员不可进行人工呼吸和胸外心脏按压术。
4．拨打报警电话后，应派人到门口接应，并保护好事故现场，以便进行事故调查处理</td></tr>
<tr><td>2．现场处置</td><td>1．脱离电源。
电流作用的时间越长，伤害越重，所以在发生触电事故后，应采取一切安全、可靠的手段迅速切断电源以解救触电者。
2．脱离电源后的处理。
触电者脱离电源后，现场救护人员应迅速对触电者伤情进行判断，根据触电者神志是否清醒、有无意识、有无呼吸、有无心跳（脉搏）等伤情对症抢救。同时设法联系医疗救护中心（医疗部门）的医生到现场接替救治。
3．若以上措施实施后伤者仍无呼吸和心跳，应立即进行心肺复苏法（CPR）并反复循环进行。其间用看、听、试方法对伤员呼吸和心跳是否恢复进行判定，并口述瞳孔、脉搏和呼吸情况，直到触电者心肺恢复或专业医务人员来交接</td></tr>
<tr><td>知识链接</td><td colspan="2">《生产安全事故应急演练基本规范》
《中国石化临时用电作业安全管理规定》</td></tr>
</table>

练习题

≺ 选择题

1. 触电者症状不包括（　）。

A. 呼吸困难或呼吸停顿　　B. 脉搏跳动有力、不规则

C. 昏迷　　D. 皮肤烧伤、灼热、红肿

≺ 判断题

2. 发现现场人员触电，应立即直接开始进行救援。(　)

3. 施工现场配电设备发生火灾，可以用泡沫灭火器进行扑救。(　)

操作项目33 高温中暑事故

操作说明

<table>
<tr><th>操作步骤</th><th>操作内容</th><th>操作要点</th></tr>
<tr><td>1. 报告</td><td>立即停止作业，并向项目负责人上报。
立即拨打医疗报警电话120</td><td rowspan="2">1. 检查中暑人员中暑程度，视程度轻重采取救治措施。
2. 要备齐必要的应急救援物品，如车辆、医药箱、担架、止血带、通信设备等。
3. 非专业救护人员不可进行人工呼吸和胸外心脏按压术。
4. 拨打报警电话后，应派人到门口接应，并保护好事故现场，以便进行事故调查处理</td></tr>
<tr><td>2. 现场处置</td><td>1. 及时脱离高温环境，迅速将病人移到阴凉、通风处，垫高头部，解开衣扣，平卧休息，观察体温、脉搏呼吸、血压变化。
2. 用冷水毛巾敷头部，或用冰袋置于中暑者头部和大腿根部等部位，或用30%酒精擦身降温，并补充淡盐水、冷西瓜水、绿豆汤等，清醒者也可服人丹、十滴水、藿香正气水等。
3. 对日光照射病者应严密观察意识、瞳孔等变化，头部置冰袋或冰帽，以冷水洗面及颈部，以降低体表温度，有意识障碍呈昏迷者，要注意防止因呕吐物误吸而引起窒息，将病人的头偏向一侧，保持其呼吸道通畅。
4. 对重症中暑者应立即送往医疗机构进行治疗</td></tr>
<tr><td>知识链接</td><td colspan="2">《生产安全事故应急演练基本规范》</td></tr>
</table>

练习题

对中暑人员进行救护，首先应该（　　）。

A. 用冷水给病人擦身　　B. 喂解暑药

C. 帮助病人脱离高温环境　　D. 直接送往医院

操作项目34　病毒感染

操作说明

操作步骤	操作内容	操作要点
1. 报告	立即停止作业，并向项目负责人上报。 立即拨打医疗报警电话120	1. 要遵守属地防疫政策要求。 2. 要设置隔离室。 3. 及时组织场所通风消杀。 4. 要对密接者进行隔离。 5. 发现疫情及时报告
2. 现场处置	1. 发现异常。 发现异常后，现场立即封闭管理，将人员安排进入临时隔离点，避免人员聚集。 2. 初步排查。 健康管理员要立即向建筑工地所在地卫生健康部门报告，并协助询问了解出现疑似症状人员近14天有无疫情重点地区居住史、旅行史或与其他病例接触史等，开展初步排查工作。听从地方疫情防控指挥部门统一指挥安排，组织密接者进行核酸检测，做好重点区域消杀工作。 3. 送院就诊。 由医院安排救护车转运至发热门诊做进一步检查、治疗，并跟踪随访从业人员就诊信息	
知识链接	《工业企业和建筑施工企业新冠肺炎防控技术方案》	

练习题

施工现场疫情防控主要注意事项有哪些?

参考答案

操作项目1

1~3答案：B　A　B

操作项目2

1~2答案：D　C

操作项目3

1~2答案：B　D

操作项目4

答案：√

操作项目5

1~3答案：√　√　√

操作项目6

1~2答案：√　√

操作项目7

答案：先停电，后拆除。验收、清点后，设备退场。

操作项目8

答案：高风险“双边”作业实行“先计划、后报备、再作业”的管理程序。

操作项目9

答案：√

操作项目10

1. 答案：E
2. 答案：√

操作项目11

1. 答案：×

解析：对于动火点周围15m范围内有可能泄漏易燃、可燃物料的设备设施，应采取隔离措施；30m范围内严禁排放各类可燃气体。

2. 答案：√　3. 答案：√　4. 答案：B　5. 答案：BCD

6. 答案：BD　7. 答案：BCD　8. 答案：BC　9. 答案：ABC

10. 答案：ABC　11. 答案：ACD

操作项目12

1. 答案：×

解析：特级动火作业、一级动火作业、情况复杂的受限空间作业（含无氧作业）、一级吊装作业、非常规作业，应由基层单位和施工单位实施作业现场“双监护”。

2. 答案：√　3. 答案：√

4. 答案：A

5-1. 答案：ABDE

5-2. 答案：CD

操作项目13

答案：C

操作项目14

1. 答案：C　2. 答案：√

操作项目15

1~2答案：D　B

操作项目16

1. 答案：√　2. 答案：A　3-1. 答案：ABCE

3-2. 答案：ABC　3-3. 答案：ABC　3-4. 答案：ABDE

3-5. 答案：CD

操作项目17

1. 答案：√

2. 答案：×

解析：吊物就位前，不应解开吊装索具。

操作项目18

答案：√

操作项目19

答案：√

操作项目20

1. 答案：√　2. 答案：E

操作项目21

1. 答案：√　2. 答案：E

操作项目22

1~2答案：C　C

操作项目23

答案：（1）确认取样点附近无其他危险作业；（2）对取样前准备工作进行检查；（3）监督取样人站在取样点上风口；（4）检查取样器和容器应符合安全规定；（5）作业过程中实行“双监护”。

操作项目24

答案：清理作业前，未对罐池进行安全支护，人机共同在罐池内进行挖掘清理作业，当北侧的沙土清空后，北侧的挡墙失稳导致坍塌。

操作项目25

答案：（1）检查坠落高度基准面2m及以上进行临边作业时，应在临空一侧设置防护栏杆，并应采用密目式安全立网或工具式栏板封闭。

（2）检查施工的楼梯口、楼梯平台和梯段边，应安装防护栏杆；外设楼梯口、楼梯平台和梯段边还应采用密目式安全立网封闭。

（3）检查建筑物外围边沿处，对没有设置外脚手架的工程，应设置防护栏杆；对有外脚手架的工程，应采用密目式安全立网全封闭。密目式安全立网应设置在脚手架外侧立杆上，并应与脚手杆紧密连接。

（4）检查施工升降机、龙门架和井架物料提升机等在建筑物间设置的停层平台两侧边，应设置防护栏杆、挡脚板，并应采用密目式安全立网或工具式栏板封闭。

（5）检查停层平台口应设置高度不低于1.80m的楼层防护门，并应设置防外开装置。井架物料提升机通道中间，应分别设置隔离设施。

（6）检查基坑和洞口临边围护，满足规范要求。

操作项目26

1. 答案：A　2. 答案：√　3. 答案：√　4. 答案：×

操作项目27

1~2答案：C　B　3. 答案：√

操作项目28

答案：√

操作项目29

答案：√

操作项目30

答案：“先救命，后治伤”。

操作项目31

答案：（1）当发生机械伤害事故后，在不影响安全的前提下，要立即切断机械的电源。

（2）迅速对伤员进行检查。急救检查应先看神志、呼吸，接着摸脉搏、听心跳，再查瞳孔，有条件者测血压。检查局部有无创伤、出血、骨折、畸形等变化。

（3）迅速拨打120急救电话，简要说明伤员的受伤情况、症状等，并询问清楚在救护车到来之前，应该做些什么。

（4）迅速小心地使伤员脱离伤源，必要时，拆卸机器，小心移出受伤人员，不得强行拽拉。

（5）遇有呼吸、心跳停止者，可采取人工呼吸或胸外心脏按压术。

（6）对骨折的伤员，应利用木板、竹片和绳布等捆绑骨折处的上下关节，固定骨折部位。

（7）对伤口出血的伤员，应让其以头低脚高的姿势躺卧，使用消毒纱布或清洁织物覆盖伤口，用绷带较紧地包扎，以压迫止血，或者选择弹性好的橡皮管、橡皮带或三角巾、毛巾、带状布巾等止血。

（8）对断手、断指的伤员，要对伤口进行包扎止血、止痛，进行半握拳状的功能固定。

（9）对头皮撕裂的伤员，用生理盐水冲洗有伤部位，涂红汞后用消毒大纱布、消毒棉花紧紧包扎，压迫止血。

操作项目32

1. 答案：B

2. 答案：×

解析：发现现场人员触电，应立即切断电源。

3. 答案：×

解析：施工现场配电设备发生火灾，不得用泡沫灭火器进行扑救，应使用二氧化碳灭火器进行扑救。

操作项目33

答案：C

操作项目34

答案：（1）要遵守属地防疫政策要求；（2）要设置隔离室；（3）及时组织场所通风消杀；（4）要对密接者进行隔离；（5）发现疫情及时报告。